船体型线多学科设计优化
（第2版）

Multidisciplinary Design Optimization of Ship Hull Form
(Second Edition)

刘祖源　冯佰威　詹成胜　常海超　编著

国防工业出版社

·北京·

内 容 简 介

本书以船体型线设计为对象，论述了多学科设计优化的基本理论和方法及其在船体型线设计中的应用。从基本概念入手，阐述了多学科设计优化的基本理论、研究内容和方法；通过对船体型线设计特点及现行船型优化进展的介绍，论述了应用多学科设计优化方法进行船体型线设计优化的必要性；参数化建模和船型水动力分析及优化系统重构为船体型线多学科设计优化打下了基础；近似方法及优化算法则是使船体型线多学科设计优化走向实用的必要手段；深入剖析了国外典型的多学科设计优化环境，提出了船舶多学科设计优化环境的体系框架；最后介绍了自行开发的船体型线多学科设计优化平台，并以实例作了验证。

本书适用于船舶与海洋工程专业博士、硕士研究生，也可供船舶与海洋工程专业及相关专业的研究人员和工程技术人员参考。

图书在版编目(CIP)数据

船体型线多学科设计优化／刘祖源等编著．--2版
．-- 北京：国防工业出版社，2023.6
ISBN 978-7-118-12852-9

Ⅰ．①船… Ⅱ．①刘… Ⅲ．①船型设计 Ⅳ．
①U662.2

中国国家版本馆 CIP 数据核字(2023)第 097364 号

※

国防工业出版社出版发行
(北京市海淀区紫竹院南路23号 邮政编码100048)
天津嘉恒印务有限公司印刷
新华书店经售

＊

开本 710×1000 1/16 印张 12½ 字数 220 千字
2023年6月第2版第1次印刷 印数 1—1500 册 定价 88.00 元

(本书如有印装错误，我社负责调换)

| 国防书店：(010)88540777 | 书店传真：(010)88540776 |
| 发行业务：(010)88540717 | 发行传真：(010)88540762 |

序

船体型线设计是确定船的几何特性的关键环节,决定了船舶的水动力性能,也是绿色船舶研究关注的重点。随着技术的进步,船舶设计理念已从仅关心单个性能最优转向追求多性能、高可靠性、可维护性等各方面的综合平衡设计,面对新的挑战,传统的船体型线设计方法已存在局限性,如何寻求多性能综合平衡最优的设计模式是亟待解决的重大基础技术问题。

多学科设计优化方法自提出以来,得到了国内外学者的广泛关注。该方法主要是充分利用各学科之间相互作用所产生的协同效应,获得系统的整体最优解,并通过实现并行设计来缩短设计周期,从而使研制出的产品更具有竞争力。目前,该方法已在航空、航天、机械、汽车等领域得到了广泛应用。船舶领域在多学科设计优化理论、方法及应用方面,已开展了大量研究工作,受到越来越多研究人员的重视。

本书作者基于多项国家自然科学基金项目及科技部863计划的研究成果,结合船舶设计特点,对多学科设计优化方法及其在船舶领域的应用,从船型参数化建模、基于优化目标的系统重构、近似方法、多学科优化算法、船舶设计多学科优化计算环境及平台搭建等方面开展了较为全面的研究,形成了船体型线多学科设计优化方法。本书是在第1版基础上修订再版,对2010年以来的国内外相关科技进展作了补充,同时丰富了船体型线参数化建模方法、近似模型构造中的试验设计方法、智能优化算法,增加了船体型线优化的算例,全书更具前瞻性和实用性。

本书是目前我国系统阐述多学科设计优化方法及其在船舶领域应用率先出版的著作,对船舶领域的研究人员学习多学科设计优化理论、掌握多学科设计优化方法具有较大的参考价值,对该领域的进一步深化研究具有借鉴作用,对于船舶设计的工程实际应用具有一定的促进作用,由此可进一步提升我国船舶设计水平。

当然,对船舶多学科设计优化方法的研究还属于探索性阶段,书中难免有一些存疑的地方。我推荐此书来引起同行的共同关注,通过大家的共同研究促进该理论和方法的不断完善,为我国船舶工业高质量发展奠定理论基础。

中国工程院院士
2023 年 3 月 18 日

前言

船体型线设计是船舶总体设计的重要内容之一,型线优化是提高船舶设计质量的重要手段。传统的优化方法基本上是从单项性能指标出发来评价船舶水动力性能的优劣,其他性能指标作为约束条件。因此,不能有效地集成各性能进行协同优化,无法获得各种性能综合平衡的设计。

多学科设计优化(multidisciplinary design optimization,MDO)方法的主要思想是在复杂系统设计的整个过程中集成各个学科的知识,通过充分利用各个学科(子系统)之间的相互作用所产生的协同效应,获得系统整体最优的设计结果,通过实现并行设计优化来缩短设计周期。该方法起源于航空航天领域,目前世界航空工业已经将 MDO 作为产品设计中一项必不可少的手段。

船舶领域对该技术的研究已取得很大进步,尤其是在船型参数化表达方法、优化算法、近似技术及 CFD 数值计算等方面,不仅突破了部分关键技术,而且研发了船型优化软件平台,并在船舶设计中得到了应用。

本书第 1 版于 2010 年同读者见面,该书以船体型线优化设计为对象,重点阐述实现船体水动力性能多学科设计优化的一些关键基础问题。自图书问世以来,得到了很多专家学者的支持和鼓励,并对内容提出了很多中肯的建议。同时,近年来国内外包括本团队在船舶多学科设计优化新方法、新技术及应用方面,都取得了一些新的成果。基于此,科研团队开始对第 1 版书稿进行修订。

这次修订的重点内容如下:①第 2 章补充了近十年来国内外的最新研究进展;②第 3 章补充了基于径向基插值的船体曲面变形方法;③第 5 章删除了变复杂度方法,重点补充了试验设计方法的介绍及各试验方法对近似模型精度的影响分析;④第 6 章补充了粒子群算法及模型参考自适应搜索方法;⑤第 8 章完善了船体型线 MDO 平台,介绍了部分船型优化算例。

全书共分 8 章。第 1 章从基本概念入手,介绍了 MDO 的基本理论、主要研究内容和研究方法;第 2 章介绍了船体型线的特点以及国内外船体型线优化的研究进展,阐述了船体型线 MDO 的基本问题;第 3 章论述了船型参数化建模方法,它是实现船体型线自动生成和修改的必要手段,是船体型线 MDO 的基础,重点给出了船型融合变形方法和基于径向基插值的船体曲面变形方法的理论基础及程序实现;第 4 章分别介绍了与船体型线最直接相关的阻力性能、耐波性能和操纵性能等船舶水动力性能的基本理论和数值计算方法,并开发了部分性能分析程序,在此基础上利用集成框架(iSIGHT)实现了船型设计与各性能分析程序的集成,最后利用单学科可行方法对优化系统进行了重构;第 5 章论述了多学科设计优化中经常用到的近似方法,多学科设计优化涉及的学科多、变量多,如果每门学科都采用精确模型分析,那么将使多学科设计优化过程无法进行下去,而近似方法是解决这一问题的有效途径;第 6 章介绍了多种 MDO 方法,并以某数学函数的优化为例,对部分优化方法进行了比较;第 7 章对各类集成框架进行了介绍,剖析了国外典型的 MDO 计算环境,提出了船舶 MDO 计算环境的体系框架;第 8 章以船体型线优化设计为目标,建立了 MDO 平台,并通过实例进行了验证。

本书的主要特点是结合船体型线优化设计的实际,重点阐述多学科设计优化的具体应用,论述解决问题的实现途径,并给出了运用作者所在团队开发的 SHIPMDO-WUT 平台进行具体船舶优化设计的实例。

本书第 1 章由刘祖源撰写,第 2 章由刘祖源、冯佰威撰写,第 3 章、第 7 章、第 8 章由冯佰威撰写,第 4 章由詹成胜、冯佰威撰写,第 5 章由常海超撰写,第 6 章由詹成胜撰写。全书由刘祖源统稿和审核。

本书可作为船舶与海洋工程专业博士与硕士研究生的参考资料,也可供船舶与海洋工程专业及相关专业的研究人员和工程技术人员学习参考。

作者及其团队在船舶 MDO 方面作了初步的探索,取得了一些成果,但距深刻理解多学科设计优化方法和成熟运用该方法,还有很长的路要走,因此书中不可避免会有疏漏之处,望各位读者不吝赐教。

本书得到下列项目的资助。

科技部 863 计划"基于多学科的船舶性能分析与优化设计技术"(资助号:2006AA04Z124);

国家自然科学基金重点项目:"船舶多学科设计优化的若干基础问题研究"(资助号:51039006);

国家自然科学基金面上项目:"面向船型优化的数据挖掘方法及应用研究"(资助号:51279147);

国家自然科学基金面上项目:"基于物理规划的多目标优化算法及其在船型优化中的应用"(资助号:51479150);

国家自然科学基金青年科学基金项目:"面向船型优化的近似模型在线构造方法研究"(资助号:51709213)。

编著者
2023 年 1 月

第1版前言

船体型线设计是船舶总体设计的重要内容之一,对船舶的技术性能和经济性有重大影响。将优化技术应用到型线设计之中,是提高型线设计质量的重要手段。传统的优化方法基本上是从单项性能指标出发来评价船舶水动力性能的优劣,其他性能指标作为约束条件,这种传统方法对各水动力性能的考虑非常不均衡,不能有效综合集成各性能进行协同优化,因此无法获得各种性能综合平衡的设计。

多学科设计优化(multidisciplinary design optimization,MDO)方法是近年来在机电工程设计领域迅速发展起来的一种解决复杂工程系统和子系统的先进设计方法。其主要思想是在复杂系统设计的整个过程中集成各个学科的知识,应用有效的设计、优化策略和分布式计算机网络系统,来组织和管理复杂机电产品设计过程。通过充分利用各个学科(子系统)之间的相互作用所产生的协同效应,获得系统整体最优的设计结果(产品质量或性能更好),通过实现并行设计优化来缩短设计周期,从而使研制出的工程产品在国际市场上更具有竞争力。该方法起源于航空航天领域,目前世界航空工业已经将多学科设计优化作为产品设计中一项必不可少的手段。船舶领域对该技术的研究大多集中在欧美的一些国家,虽然起步较晚,但进展迅速,其研究成果已在船舶设计中得到了应用。

本书以船体型线优化设计为对象,重点阐述实现船体水动力性能多学科设计优化的一些关键基础问题。全书共分8章。第1章从基本概念入手,介绍了多学科设计优化的基本理论、主要研究内容和研究方法;第2章介绍了船体型线的特点以及国内外船体型线优化的研究进展,阐述了船体型线MDO的基本问题;第3章论述了船型参数化建模方法,它是实现船体型线自动生成和修改的必要手段,是船体型线MDO的基础,重点给出了船型融合变形方法的理论基础及程序实现;第4章分别介绍了与船体型线最直接相关的阻力性能、耐波性能和操纵性能等船舶水动力性能的基本理论和数值计算方法,并开发了部分性能分析程序,在此基础上利用集成框架(iSIGHT)实现了船型设计与各性能分析程序的集成,最后利用单学科可行方法对优化系统进行了重构;第5章论述了多学科设计优化中经常用到的近似方法及变复杂度方法，MDO 涉及的学科多、变量多，如果每门学科都采用精确模型分析，那么将使多学科设计优化过程无法进行下去，而近似方法及变复杂度方法是解决这一问题的有效途径；第 6 章介绍了多种 MDO 方法，并以某数学函数的优化为例，对部分优化方法进行了比较；第 7 章对各类集成框架进行了介绍，剖析了国外典型的 MDO 计算环境，提出了船舶 MDO 计算环境的体系框架；第 8 章以船体型线优化设计为目标，建立了多学科设计优化平台，并通过实例进行了验证。

本书的主要特点是结合船体型线优化设计的实际，重点阐述 MDO 的具体应用，论述解决问题的实现途径，并给出了相关的实例。通过详细介绍作者所在课题组开发的 SHIPMDO WUT 平台，为船舶多学科设计优化的进一步深入研究打下了基础，提供了借鉴。

本书第 1 章由刘祖源撰写，第 2 章由刘祖源、冯佰威撰写，第 3 章、第 7 章、第 8 章由冯佰威撰写，第 4 章由詹成胜、冯佰威撰写，第 5 章由常海超撰写，第 6 章由詹成胜撰写。全书由刘祖源统稿和审核。

本书可作为船舶与海洋工程专业博士生与硕士研究生的参考资料，也可供船舶与海洋工程专业及相关专业的研究人员和工程技术人员学习参考。

作者及所在课题组在船舶 MDO 方面作了初步的探索，取得了一些成果，但距深刻理解 MDO 方法和成熟运用该方法，还有很长的路要走，因此书中不可避免会有疏漏之处，望各位读者不吝赐教。

将 MDO 方法应用到船舶研究领域不是一蹴而就的事情，需要造船界同仁的共同努力！诚望本书能够起到抛砖引玉的作用，吸引更多的学者一起研究，一起进步，为中国船舶科技进步贡献力量。

本书得到科技部 863 项目"基于多学科的船舶性能分析与优化设计技术研究"（资助号：2006AA04Z124）的资助。

编著者

2010 年 6 月

目 录

第1章 多学科设计优化的基本理论 ⋯⋯⋯⋯⋯⋯⋯⋯⋯⋯⋯⋯⋯⋯⋯⋯ 1
1.1 多学科设计优化理论的发展 ⋯⋯⋯⋯⋯⋯⋯⋯⋯⋯⋯⋯⋯⋯⋯⋯⋯ 1
1.1.1 多学科设计优化的基本思想和内涵 ⋯⋯⋯⋯⋯⋯⋯⋯⋯⋯⋯ 1
1.1.2 多学科设计优化的研究发展概况 ⋯⋯⋯⋯⋯⋯⋯⋯⋯⋯⋯⋯ 1
1.2 多学科设计优化的基本概念 ⋯⋯⋯⋯⋯⋯⋯⋯⋯⋯⋯⋯⋯⋯⋯⋯⋯ 4
1.2.1 多学科设计优化的定义 ⋯⋯⋯⋯⋯⋯⋯⋯⋯⋯⋯⋯⋯⋯⋯⋯ 4
1.2.2 多学科设计优化的基本描述 ⋯⋯⋯⋯⋯⋯⋯⋯⋯⋯⋯⋯⋯⋯ 5
1.2.3 多学科设计优化的特点 ⋯⋯⋯⋯⋯⋯⋯⋯⋯⋯⋯⋯⋯⋯⋯⋯ 6
1.3 多学科设计优化的研究内容和方法 ⋯⋯⋯⋯⋯⋯⋯⋯⋯⋯⋯⋯⋯⋯ 9
1.3.1 多学科系统建模 ⋯⋯⋯⋯⋯⋯⋯⋯⋯⋯⋯⋯⋯⋯⋯⋯⋯⋯⋯ 9
1.3.2 设计过程重分析 ⋯⋯⋯⋯⋯⋯⋯⋯⋯⋯⋯⋯⋯⋯⋯⋯⋯⋯⋯ 9
1.3.3 近似方法 ⋯⋯⋯⋯⋯⋯⋯⋯⋯⋯⋯⋯⋯⋯⋯⋯⋯⋯⋯⋯⋯⋯ 9
1.3.4 敏感度分析方法 ⋯⋯⋯⋯⋯⋯⋯⋯⋯⋯⋯⋯⋯⋯⋯⋯⋯⋯⋯ 9
1.3.5 分解方法 ⋯⋯⋯⋯⋯⋯⋯⋯⋯⋯⋯⋯⋯⋯⋯⋯⋯⋯⋯⋯⋯ 10
1.3.6 求解策略 ⋯⋯⋯⋯⋯⋯⋯⋯⋯⋯⋯⋯⋯⋯⋯⋯⋯⋯⋯⋯⋯ 10
1.3.7 集成平台及界面 ⋯⋯⋯⋯⋯⋯⋯⋯⋯⋯⋯⋯⋯⋯⋯⋯⋯⋯ 10
1.3.8 优化算法 ⋯⋯⋯⋯⋯⋯⋯⋯⋯⋯⋯⋯⋯⋯⋯⋯⋯⋯⋯⋯⋯ 10
参考文献 ⋯⋯⋯⋯⋯⋯⋯⋯⋯⋯⋯⋯⋯⋯⋯⋯⋯⋯⋯⋯⋯⋯⋯⋯⋯⋯ 11

第2章 船体型线设计原理与方法 ⋯⋯⋯⋯⋯⋯⋯⋯⋯⋯⋯⋯⋯⋯⋯⋯ 13
2.1 船体型线的主要特点及地位 ⋯⋯⋯⋯⋯⋯⋯⋯⋯⋯⋯⋯⋯⋯⋯⋯ 13
2.2 船体型线设计的基本方法 ⋯⋯⋯⋯⋯⋯⋯⋯⋯⋯⋯⋯⋯⋯⋯⋯⋯ 13
2.3 船体型线多学科设计优化的基本问题 ⋯⋯⋯⋯⋯⋯⋯⋯⋯⋯⋯⋯⋯ 15
2.3.1 传统船舶设计方法分析 ⋯⋯⋯⋯⋯⋯⋯⋯⋯⋯⋯⋯⋯⋯⋯ 15
2.3.2 船型多学科设计优化的基本问题 ⋯⋯⋯⋯⋯⋯⋯⋯⋯⋯⋯ 18
2.4 船体型线优化的国内外研究进展 ⋯⋯⋯⋯⋯⋯⋯⋯⋯⋯⋯⋯⋯⋯⋯ 19
2.4.1 国内船型优化研究进展 ⋯⋯⋯⋯⋯⋯⋯⋯⋯⋯⋯⋯⋯⋯⋯ 19
2.4.2 国外船型优化研究进展 ⋯⋯⋯⋯⋯⋯⋯⋯⋯⋯⋯⋯⋯⋯⋯ 21
参考文献 ⋯⋯⋯⋯⋯⋯⋯⋯⋯⋯⋯⋯⋯⋯⋯⋯⋯⋯⋯⋯⋯⋯⋯⋯⋯⋯ 29

第3章 船型参数化建模技术 ········ 34

3.1 概述 ········ 34
3.1.1 参数化建模的基本思想 ········ 34
3.1.2 参数化驱动的数学模型 ········ 34
3.1.3 参数化建模的方法 ········ 35

3.2 船体型线建模方法 ········ 36
3.2.1 部分参数化建模方法 ········ 38
3.2.2 完全参数化建模方法 ········ 42
3.2.3 不同建模方法的比较 ········ 43

3.3 船体曲面变形模块研发 ········ 44
3.3.1 理论基础 ········ 44
3.3.2 船型融合变形方法 ········ 45
3.3.3 基于RBF插值的船体曲面变形方法 ········ 47
3.3.4 模型生成器的开发 ········ 49

3.4 船体曲面变形模块的验证 ········ 53
3.4.1 船型融合变形模块验证 ········ 53
3.4.2 基于RBF插值的船体曲面变形模块验证 ········ 54
3.4.3 模型生成器模块的测试 ········ 55

参考文献 ········ 60

第4章 船舶水动力性能分析及优化系统重构 ········ 62

4.1 概述 ········ 62

4.2 水动力性能学科分析 ········ 63
4.2.1 阻力性能分析 ········ 63
4.2.2 耐波性能分析 ········ 67
4.2.3 操纵性能分析 ········ 73

4.3 船舶水动力性能多学科设计优化集成 ········ 76
4.3.1 数据集成 ········ 76
4.3.2 过程集成 ········ 79

4.4 多学科设计优化解耦方法 ········ 83
4.4.1 多学科可行方法 ········ 84
4.4.2 单学科可行方法 ········ 85
4.4.3 协同优化算法 ········ 86
4.4.4 并行子空间优化算法 ········ 87

4.5 船型优化系统的重构 ········ 89

参考文献 ········ 93

第5章 近似方法 · · · · · · 94
5.1 概述 · · · · · · 94
5.2 近似方法 · · · · · · 94
5.2.1 响应面模型 · · · · · · 95
5.2.2 样本点选取方法 · · · · · · 98
5.3 不同样本点选取方法对近似模型精确度的影响 · · · · · · 105
5.3.1 二维测试函数 · · · · · · 105
5.3.2 高维测试函数 · · · · · · 110
参考文献 · · · · · · 116

第6章 多学科设计优化算法 · · · · · · 117
6.1 传统的优化方法 · · · · · · 117
6.1.1 无约束优化算法 · · · · · · 117
6.1.2 有约束优化方法 · · · · · · 119
6.1.3 传统全局优化方法 · · · · · · 120
6.1.4 多目标优化方法 · · · · · · 121
6.2 现代优化方法 · · · · · · 122
6.2.1 粒子群算法 · · · · · · 122
6.2.2 遗传算法 · · · · · · 125
6.2.3 多目标遗传算法 · · · · · · 129
6.2.4 模型参考自适应搜索方法 · · · · · · 135
6.3 优化方法混合策略 · · · · · · 141
6.3.1 船型优化对优化方法的要求 · · · · · · 141
6.3.2 混合优化方法 · · · · · · 143
6.4 数学函数的测试实例 · · · · · · 145
参考文献 · · · · · · 146

第7章 船舶多学科设计优化计算环境 · · · · · · 147
7.1 多学科设计优化计算环境需求 · · · · · · 147
7.2 多学科设计优化集成框架 · · · · · · 149
7.2.1 iSIGHT · · · · · · 150
7.2.2 ModelCenter · · · · · · 151
7.2.3 AML · · · · · · 151
7.3 多学科设计优化计算环境实例分析 · · · · · · 153
7.3.1 美国DD-21驱逐舰多学科设计优化环境体系结构 · · · · · · 153
7.3.2 美国国家航空航天局AEE工程环境 · · · · · · 155
7.4 船舶多学科设计优化计算环境体系结构的开发 · · · · · · 157

参考文献 ……………………………………………………………………… 159

第8章 船体型线多学科设计优化平台的开发 ……………………………… 160
8.1 多学科设计优化平台功能需求分析 ………………………………… 160
8.1.1 船型主尺度的确定对多学科设计优化的需求 ……………… 160
8.1.2 船型精细优化对多学科设计优化的需求 …………………… 161
8.2 多学科设计优化平台的框架设计 …………………………………… 162
8.3 平台模块的详细设计 ………………………………………………… 163
8.4 SHIPMDO–WUT平台实例测试 ……………………………………… 175
8.4.1 9000t 油船的多学科设计优化 ………………………………… 175
8.4.2 46000t 油船阻力、操纵、耐波性能综合优化 ………………… 179
8.4.3 标模 Series 60 船舶型线优化及试验验证 …………………… 181
参考文献 ……………………………………………………………………… 188

第1章 多学科设计优化的基本理论

人类认识事物大都经过这样一个过程:初次面对复杂现象,往往是在保留其物理本质的前提下,尽可能地简化模型,以求应用现有理论来解释它;随着对该现象认识的加深,会追求对其细节的探究;而当把相关细节厘清以后,又倾向于综合分析其性质。多学科设计优化理论和方法就是人类认识发展到探求系统性能整体优化阶段的产物。本章主要介绍多学科设计优化理论的发展及基本概念、基本研究内容。

1.1 多学科设计优化理论的发展

1.1.1 多学科设计优化的基本思想和内涵

多学科设计优化(multidisciplinary design optimization,MDO)是借鉴并行协同设计学及集成制造技术的思想而提出的,它将单个学科领域的分析与优化同整个系统中互为耦合的其他学科的分析与优化结合起来,帮助我们将并行工程(concurrent engineering,CE)的基本思想贯穿到整个设计阶段。其主要思想是在复杂系统设计的整个过程中,利用分布式计算机网络技术来集成各个学科(子系统)的知识及分析和求解工具,应用有效的设计优化策略,组织和管理整个系统的优化设计过程。其目的是通过充分利用各个学科之间相互作用所产生的协同效应,获得系统的整体最优解,并通过实现并行设计来缩短设计周期,从而使研制出的产品更具有竞争力。其优点在于可以通过实现各学科的模块化并行设计来缩短设计周期;通过考虑学科之间的相互耦合来挖掘设计潜力;通过系统的高度集成来实现产品的自动化设计;通过各学科的综合考虑来提高可靠性,降低研制费用。

MDO就是一种通过充分探索和利用工程系统中各子系统相互作用的协同机制来设计复杂产品及其子系统的方法论。其宗旨与并行工程不谋而合,它是用优化原理为产品的全生命周期设计提供一个理论基础和实施方法[1]。

1.1.2 多学科设计优化的研究发展概况

MDO作为一个独立的研究领域,于20世纪80年代后期逐渐形成。其创始人是美籍波兰人 J. Sobieszczanski-Sobieski。1982 年,在研究大型结构优化问题求解的一篇文献中[2],他首次提出了 MDO 的思想;在其随后发表的一系列文章中,又对 MDO 问题做了进一步阐述,并提出了基于灵敏度分析的 MDO 方法[3-4]。

MDO 的提出在学术界引起了极大关注。1986 年,美国 AIAA、NASA、USAF、OAI 4 家机构联合召开了第一届"多学科分析与优化"专题讨论会,之后该学术讨论会每两年召开一届,目前这个会议已经演变成了国际性学术会议。1991 年,美国航空航天学会(American Institute of Aeronautics and Astronautics,AIAA)分管多学科设计优化的技术委员会就优化的研究现状和 MDO 研究的迫切性发表了白皮书。同年,在德国成立了国际结构优化设计协会(International Society for Structural Optimization,ISSO),1993 年更名为国际结构及多学科设计优化协会(International Society for Structural and Multidisciplinary Optimization,ISSMO);该协会于 1994 年联合 AIAA、NASA(National Aeronautics & Space Administration)等组织在美国 Florida 举行了首次正式会议,其首次成员会议于 1995 年 12 月在德国举行,此后每隔两年举行一次成员会议。ISSMO 的成立是优化领域非常重大的事件,标志着综合优化设计思想已渗透到现代设计的各个环节和阶段。

1994 年,美国国防部高级研究计划局(the Defense Advanced Research Projects Agency,DARPA)将"基于仿真的设计"(simulation based design,SBD)、"智能产品模型"(smart product model,SPM)等概念和技术,用于飞机、卫星、舰艇、陆上运载工具、潜艇等复杂产品系统的概念设计、设计制造一体化,并进一步验证和改进多学科协同设计工程的技术概念和实施技术。由于多学科设计优化技术在 SBD 之后迅速发展并在美国国防工业中得到了实际应用,后来的 DARPA 计划在应用 SPM 的协同工程中,增加了多学科设计优化技术,进一步提高了复杂产品的设计质量。波音公司在"设计、制造、可生产性、仿真"(Design,Manufacturing,Producibility,Simulation,DMPS)计划中,以某歼击机机翼扭矩盒设计为工程背景,采用和改进了 SPM 技术。美国将新型驱逐舰 DD-21 的开发与建造列入基于仿真的采办(simulation based acquisition,SBA)的示范工程项目中,1998 年开始进入开发阶段,当时预定 2004 年完成概念设计,并在 2004 年开始并行地进行全面的详细设计与生产,2009 年完成 32 艘 DD-21 级舰支交付组建舰队的任务[5]。目前,在 DD-21 项目中 MDO 主要应用于概念设计阶段的总体设计方面(见7.3.1节)。Michael Farnsworth 等[20]提出了一种新的多目标、多学科的工程设计问题应用策略。该策略利用了一种基于种群的演化方法,并使用非分层体系结构克服传统多学科优化方法的不足。Alice M. Agogino 等[21]在遗传算法中,使用基于分层组件的基因型表示,并将特定的工程知识结合到设计优化过程中,用于提高微机电系统的综合性能。Frederico 等[22]将多学科优化设计方法引入可变形飞行器的设计中,优化后射程增加了 18%。Pavese 等[23]应用多学科优化方法对后掠式风力涡轮机叶片进行了优化,优化后叶片质量减少2%～3%,叶根处疲劳损伤等效载荷减少8%。Okninsk 等[24]提出了一种多学科设计优化方法,以探空火箭的远地点最大化为目标进行了仿真优化研究。Morovat[25]等提出了一种基于独立子空间的多学科设计优化方法,对运载火箭整流罩进行了复合夹层结构分析优化,使运载火箭质量下降了3%。

在我国,有些学者已经对 MDO 的基本理论进行了研究,并且在航天、航空及船舶领域进行了一定应用工作。余雄庆[6]对 MDO 优化过程进行了综述,并运用 MDO 进行无人机的设计;陈小前[7]运用响应面法(response surface method,RSM)进行了飞行器的概念设计,并提出了 MDO 在飞行器设计中运用的方法与步骤;陈琪锋[8]研究了协同进化 MDO 算法,并将其运用于导弹总体参数化设计和卫星星座系统的 MDO 中;罗世彬[9]将 MDO 方法运用到高超声速飞行器机体/发动机一体化设计优化中,取得了满意的结果。在船舶研制领域,刘蔚[10-11]将多学科设计优化方法应用于 7000m 载人潜水器的总体设计中,以达到在设计要求和满足性能指标的约束下,得到最优的总体性能和总布置的设计结果。操安喜[12]采用基于响应面近似模型和遗传算法(GA)对某深海载人潜水器耐压球壳进行了多目标优化设计。胡志强采用协同优化算法,同时兼顾减小碰撞力密度、降低航行阻力和保证结构强度这三者的性能要求,优化了一艘大型集装箱船的球鼻首设计。在满足船东利益和船级社规范要求的基础上,合理地降低碰撞力密度,获得了综合各方效益的和谐解[13]。潘彬彬[14]对多学科设计优化的理论进行了介绍并且对国内一艘实船的概念设计建立了多学科设计优化模型,最终获得了各性能综合兼优的设计方案。冯佰威等对船型多学科设计优化进行了深入的研究,提出了尺度及船型并行的模式;对船型的精细优化进行了研究,提出了船型融合变形方法,并进行了程序的实现;开发了模型生成器,为水动力性能的分析提供统一的计算模型。在此基础上,开发了船体型线多学科设计优化平台,并进行了实例验证[15-18]。饶太春[26]利用 iSIGHT 优化框架集成了 ProE、ANSYS-icem 和 ANSYS-fluent,针对 SUBOFF 模型完成了快速性及能耗两个学科的型线优化设计。孙一博[27]将多学科设计优化方法应用于滑行飞行器的性能优化中,使优化后滑行飞行器的综合射程得到提升。王国欣等[28]将多学科设计优化方法应用于多级轴流式膨胀机的设计优化中,优化后其综合性能得到提升。林育恒[29]使用多目标拓扑优化方法得到副车架在综合考虑静态多工况和动态工况下的拓扑结构,优化后的副车架结构达到了在各项指标满足使用安全要求的前提下减重 37.42% 的轻量化效果。陈世适[30]提出了一种适用于不确定性多学科设计优化的非层次型多模型融合方法。粟华[31-32]针对多学科设计优化建模及求解过程中的关键技术,研究同时考虑连续-离散混合变量的 MDO 技术,提出了基于变量转化法的混合变量 MDO 优化过程。赵成泽[33]以中远程导弹为对象,研究了各个因素对多学科优化结果的影响。李正洲[34]等以飞行器为研究对象,采用 MDO 方法,以最优气动特性为目标,对飞行器气动外形进行了优化,并对飞行器热防护系统进行了轻量化设计。Zhao[35]等提出一套新的 MDO 框架,利用元模型对远程细长制导火箭进行了 MDO,将火箭的总质量减少了 14%,证明了该多学科设计优化框架的有效性和实用性。陈保[36]等采用 MDO 技术,进行了飞行器气动隐身优化设计,有效减阻并降低了重点方位的雷达散射截面均值。张力聪[37]等采用 MDO 技术,对空射弹道式高超声速导弹的总体设计问题进行了研究,有效降低了其发射质量。

2010 年至今,MDO 方法渐渐与近似技术相结合,优化求解的效率有了很大的提升,从而促进了 MDO 技术在工程中的应用。同时,随着现代智能优化算法的深入研究,出现了很多对特定问题的求解方法,多目标 MDO 问题的研究也很活跃。越来越多的学者将工程问题中的不确定性情况加以考虑,提出了不确定性多学科设计优化(uncertainty – base multidisciplinary design optimization, UMDO),针对参数、模型、混合、多源和时变等的不确定性下的情况,分别采用概率理论、模糊理论、凸模型、区间理论、证据理论和广义概率理论等进行不确定性优化设计,结合确定性的 MDO 方法提出相应的 UMDO 方法,大大拓展了 MDO 技术的理论框架和在工程产品设计中的应用[38]。

总的说来,经过近 30 年的发展,MDO 技术已取得了很多重要进展并得到较广泛的应用。国外一些发达国家在 MDO 方法的原理、应用及优化算法方面已逐渐形成一个有机整体,对不同学科的分析及计算软件已规范化并进行集成,其成果已面向应用且日趋成熟。国内的研究也已经取得了较大进步,初步解决了 MDO 技术中的部分关键基础问题,搭建了船舶 MDO 软件平台。

1.2 多学科设计优化的基本概念

1.2.1 多学科设计优化的定义

MDO 是一种针对解决复杂工程系统设计和多学科动态影响并实现优化设计的有效方法和工具,但对于 MDO 的概念目前尚未完全统一。

美国国家航空航天局(NASA)Langley 研究中心的多学科分部(MDOB)给出的多学科设计优化的定义如下。

MDO 是一门充分利用系统中的协同作用,设计具有耦合关系的复杂工程系统和子系统的方法学。

美国航空航天学会(AIAA)多学科设计优化技术委员会(MDO – TC)除给出和 MDOB 相同的定义外,还给出了 MDO 的两个新定义,即:

复杂工程系统多学科设计优化的最优设计,需要解决学科(子系统)之间耦合作用的分析,并充分利用耦合作用所产生的协同机制进行设计。

MDO就是决定改变什么,在何种程度上改变,学科(子系统)之间如何相互影响的设计方法。

英国南安普顿大学(Southampton University)的计算工程与设计中心对MDO的定义为:MDO是一门设计复杂耦合系统的方法学,它充分探索和利用设计过程各个阶段耦合学科(子系统)之间相互作用所产生的协同效果。

MDO的奠基人J. Sobieszczanski-Sobieski对MDO的定义为:MDO是一门考虑系统中学科之间相互影响的设计方法学,设计人员通过它不仅仅在一个学科对系统的性能产生重要的影响。

这些定义都认为MDO是一门方法学,它用来设计具有耦合作用的复杂工程系统和子系统,探索它们协同工作的机理,是一种充分探索和利用系统中各子系统相互作用的协同机制来设计复杂工程系统和子系统的方法论。MDO本身不是设计,它提供了一组工具和方法来实现设计过程中各个学科间的权衡。除优化方法外,MDO还包含了更多的设计提高策略,在设计阶段充分发掘学科间的耦合作用对设计效果的贡献。

美国学者Powell对MDO的理解是"MDO的基础和关键是多学科'交叉'"。MDO中交叉的具体含义是根据不同算法的特点,组合利用不同类型的优化算法,解决具体设计问题的方法。MDO中"交叉"研究的主要目标是针对目前工程设计问题的多样性,寻求灵活选择不同的优化算法的方法,提高对组合交叉问题的处理能力。例如,对具体工程设计问题的求解,一般首先应该使用全局优化算法,如使用遗传算法对设计空间进行全局搜索,以确定期望的目标区域;其次应用局部优化算法,如使用广义简约梯度法来搜索目标区域内最好的设计结果。

基于上述基本的理解,MDO可以更确切地理解为:多学科设计优化,其"优化"的含义具有更广阔的范围,是将传统的优化技术和方法推进到了具有广阔含义的"设计空间探索"的理论、方法和技术,包含了更加广阔、多层次的探索活动和优化技术。

1.2.2 多学科设计优化的基本描述

1. 学科

学科(discipline)是系统中本身相对独立,但相互之间又有数据交换关系的基本模块。MDO中的学科又称子系统或子空间[19]。

2. 设计变量

设计变量(design variables)是用于描述工程系统的特征、在设计过程中可被设计者控制的一组相互独立的变量。设计变量分为系统设计变量和局部设计变量。系统设计变量在整个系统范围内起作用,而局部设计变量则只在某一学科范围内起作用。

3. 状态变量

状态变量(stable variables)是用于描述工程系统的性能或特征的一组参数。状态变量可分为系统状态变量、学科状态变量和耦合状态变量。

4. 约束条件

约束条件(constraints)是系统在设计过程中必须满足的条件。

5. 系统参数

系统参数(system parameters)是用于描述工程系统的特征,在设计过程中保持不变的一组参数。

6. 学科分析

学科分析(contributing analysis)也称子系统分析或子空间分析,是以该学科设计变量、其他学科对该学科的耦合状态变量及系统的参数为输入,根据某一个学科满足的物理规律确定其物理特性的过程。

7. 系统分析

对于整个系统,系统分析(system analysis)给定一组设计变量,通过求解系统的状态方程得到系统状态变量的过程。

8. 一致性设计

在系统分析过程中,一致性设计(consistent design)是由设计变量及其相应的满足系统状态方程的系统状态变量组成的一个设计方案。

9. 可行设计

可行设计(feasible design)是满足所有设计要求或设计约束的一致性设计。

10. 最优设计

最优设计(optimal design)是指使目标函数最小(或最大)的可行设计。

1.2.3 多学科设计优化的特点

MDO最主要的两个特点就是分析与综合(优化)。复杂工程系统由于其复杂性,学科(子系统)之间通常存在着复杂的交叉耦合关系,只有经过分析才能进行恰当的学科分解,获得所需的设计信息。学科(子系统)分析是进行多学科综合(优化)的基础和前提条件。系统性能是学科(子系统)分析基础上综合(优化)的外在表现。只有经过分析、综合(优化)、决策的反复迭代,才能最终设计出满意的产品(系统)。围绕这两个特点可以详细展开得到以下几个特点。

(1)系统论是MDO的理论基础,系统建模技术、系统还原论和系统优化方法等都适合于MDO。系统具有整体性、目的性、关联性、层次性、动态性、复杂性和适应性等特征。复杂工程系统作为MDO的对象,具有系统的所有特征。系统涌现性主要是由它的成分按照系统的结构方式相互作用、相互补充、相互制约而激发出来的结构效应和组织效应。多学科设计优化是复杂工程系统的有效设计方法,通过系统分解方法简化系统的复杂性,在进行学科(子系统)分析的同时,通过系统级的综合协调,充分利用学科(子系统)之间复杂的耦合关系,在设计阶段就考虑到系统的涌现性。

(2) 分析是优化规划中的重要步骤,MDO中分析的目的,一方面是为了确定不同因素对系统、子系统总效果的作用,了解优化解空间的情况;另一方面是为了确定因素对系统、子系统设计目标影响的程度,找出与系统、子系统设计目标最强相关的设计变量。系统敏感性分析、Pareto分析、DOE分析都是常用的分析方法。MDO中的综合是建立在分析基础上的,系统性能是在学科(子系统)分析基础上综合的外在表现。只有通过综合才能体现系统的涌现性。

(3) 复杂工程系统的设计问题,通常在MDO过程中不是仅仅依靠简单的MDO方法(如MDF、IDF、CO等)就能够取得满意的优化结果的,必须采用一定的优化策略将试验设计、设计空间搜索技术、近似技术、质量工程方法等技术合理地结合起来才能取得满意的设计结果。MDO中的计算规划与可实现性是建立在分析、耦合基础上的,通过优化原理提高设计效率,在工程上可用以组织实施计算,建立最佳的计算路径。

(4) MDO计算集成环境主要用来提供通信、数据、优化设计过程和定性解计算点可视化支持的集成环境。MDO技术的成功应用需要易于使用的鲁棒的MDO计算集成环境的支持。

另外,从MDO作为一种系统工程思想、设计方法的角度考虑,除分析与综合(优化)两个大的方面的特点外,还有以下几个特点。

(1) MDO符合系统工程的思想,采用自上而下的设计思想,从系统集成设计的角度出发,综合考虑系统中各个子系统的协同效应,能有效地提高产品设计质量。系统工程注重从整体角度出发对局部进行协调。MDO把产品看作一个系统,将这个系统按学科分解为若干独立学科(子系统),每个学科的专家在考虑其他学科的要求和影响基础上,在自己的专业领域内进行优化设计。它很好地体现了整体与局部、局部与局部的关系,与现代系统论的整体优化的思想是一致的,从而尽可能充分发现和利用产品各子系统的协同效应,设计出综合性能更好的产品。因此,可认为MDO是系统工程思想在工程设计中应用的一种有效实施方法。

(2) MDO为产品设计提供了一种并行设计模式,从分布式设计和并行工程的思路出发,充分利用计算机网络资源和计算分析技术,合理应用信息科学技术。并行工程是一种产品及相关过程一体化并行设计的系统方法。它强调在产品设计的初始阶段就要考虑产品从概念设计到报废处理全生命期的各个方面（包括性能、成本和进度等）。其主要目的就是通过利用产品各个方面和各个过程的相互联系和影响，来提高产品的质量和性能，利用产品各个方面和各个过程中存在的并行性，来缩短产品开发周期。MDO 与传统的串行设计模式的最大区别在于每个学科的设计人员可同时进行优化设计。MDO 的基本目的是通过充分利用各个学科（子系统）之间的相互作用所产生的协同效应，获得复杂工程系统的整体最优解，同时还要实现各个学科（子系统）并行设计。因此，可认为MDO 是并行工程思想在设计阶段的具体体现和实施技术。

（3）MDO 的设计模式与现有大多数产品设计的组织体系相一致。MDO 按学科（或部件）把复杂系统优化设计问题分解为若干单一学科（子系统）设计优化问题，与现有大多数产品的组织体系划分相一致，应用 MDO 不必对现有产品设计组织体系做大的变动。通过分布式计算机网络系统，传统的串行设计模式很容易向并行的设计模式迈进。

（4）MDO 的模块化结构使产品设计过程具有很强的灵活性，能充分利用现有的设计模块，对各学科的系统进行既独立又交叉的优化设计，有效地组织和管理整个设计过程。由于 MDO 算法中各学科的相对独立性，各学科的分析方法（软件）和设计优化方法的变更不会引起整个设计过程的变化，每个学科的设计人员可选用最适合本学科的分析方法、优化方法和专家知识。而且，随着各个学科的发展，设计人员可变更分析方法和优化方法。这种模块化结构使得产品设计进程具有很强的灵活性。

（5）MDO 通过直接或间接的数值计算方法解决各个学科之间的耦合问题，可获得各个学科之间协调一致的设计，消除了过去依靠经验、试凑或盲目的迭代计算解决耦合问题所带来的费时、费力、经常失败的问题。

（6）MDO 通过分解和近似方法，解决设计计算工作量大的问题。系统的分解使计算并行化成为可能，可以很方便地通过计算机网络将分散在各个地区和设计部门的计算模块和专家组织起来，同时也使多学科设计优化问题变得简单，节省计算时间和开支；此外，计算的并行化和简单化还使多学科设计优化技术允许在概念设计阶段各个学科采用精确的分析计算方法，极大地提高了设计方案的精确度，提高了设计质量。

（7）MDO 可以通过近似技术及可变复杂度模型的分析方法，减少系统分析次数，提高了设计优化效率。同时，通过先进的优化算法、数据压缩技术，减少了采用精确分析设计方法时不同学科计算模块之间数据、信息传输量大的问题。

总之，MDO 从根本上避免了过去各个学科在设计过程中各自为政，学科间权衡与解耦依赖经验所带来的盲目性和因为各个学科设计不协调导致的返工，提高了设计质量,避免了人力、物力的浪费,降低了设计风险,缩短了产品的设计周期。

1.3 多学科设计优化的研究内容和方法

1.3.1 多学科系统建模

多学科系统建模是进行多学科设计、分析、优化的首要任务。建模是为了研究和解决实际系统而对其进行理想化的抽象或简化表示,模型可以用文字、图表、符号、关系式以及实体模型等描述所研究的系统对象。它反映了系统的主要组成和各部分的相互作用。

多学科系统建模有多种分类。按照模型内涵可分为以下几种。

(1) 知识模型。它利用人们关于事物的定性知识和经验知识,并可进行定性分析和逻辑推理,表达和求解有关问题。

(2) 数学模型。它可以定量地描述事物的有关静态特性和动态过程,便于对问题进行定量分析和数值计算。

(3) 关系模型。主要用于定性或定量地描述研究对象内部间的和它与外部之间的关系。

按照多学科系统层次可分为以下几种。

(1) 系统层建模。系统层建模又可分为用于系统确认与分析的模型和用于系统设计、优化和协调的模型。

(2) 子系统层建模。子系统层的建模属于各学科的具体任务,各学科可根据学科特点和系统给定的设计要求建立合适的模型。

1.3.2 设计过程重分析

当改变某输入而需要得到相应的输出时,尽可能地利用数据相关信息通过逻辑推理确定哪些模块受到影响,然后再执行相应的分析模块,尽可能地减少计算量。

1.3.3 近似方法

对于MDO问题,需要将直接搜索和某些能够计算目标或约束的近似方法结合起来。该技术将某些分析和计算复杂的目标和约束用一些较为简单的方程替换,且可从全局近似学科之间耦合。

1.3.4 敏感度分析方法

在优化过程中,通常都需要进行敏感度分析(导数计算)。为了解决多学科耦合系统敏感度分析问题，Sobieski 提出了全局敏感度方程（global sensitivity equations，GSE）。通过 GSE 可得到整个系统的敏感度分析，而不是子系统（单一学科）的敏感度分析，但系统敏感度分析与每一子系统的局部敏感度分析又有联系，将两者联系起来的方程就是 GSE，它计入了子系统之间的耦合关系。在工程计算中常用有限差分法来求解各学科中所需敏感度，但工程应用时很难选取最佳步长，为此人们发展了一种称为自动微分法（automatic differentiation method）的敏感度计算方法，这种方法通过对程序源代码的分析来求解函数导数，其突出优点是不存在截断误差。

1.3.5 分解方法

分解协调是复杂系统问题求解的有效方法，分解的目的就是把一个复杂的大系统分解为多个相互较为独立、容易求解、规模较小的子系统（子学科）。

1.3.6 求解策略

系统分解之后，各子系统之间存在层次型或非层次型相互耦合的因素，层次模型中只有父子模型之间存在耦合，同一级别的子模型之间没有耦合。非层次模型中，耦合因素分为系统变量和耦合变量两类；系统变量同时影响多个子系统，耦合变量为某子模型的计算结果但对其他子模型产生影响。两种不同的模型，需要不同的求解策略。

1.3.7 集成平台及界面

在融入 MDO 技术并被企业使用的软件系统中，不同层次的界面非常关键。它一是试图支持设计师持续性思维并促进其创造性及洞察力提升，二是支持设计小组成员之间的数据通信。

1.3.8 优化算法

现有的优化算法可归纳为两大类：一是有严格数学定义的经典优化算法，如梯度法、内点法等；二是进化算法，如模拟退火、神经网络、遗传算法和演化算法等。

首先，开发新算法。进一步研究开发一些能解决设计全过程中出现的难解、完全 NP、不可微非光滑等问题的高效的、对数学性态没有特殊要求的、具有并行处理特点的优化算法，以适应 MDO 问题发展的需要。近 10 年的工作主要体现在基于知识的优化设计系统，采用专家系统技术实现寻优策略的自动选择和优化过程的自动控制，以及一系列体现人工智能思想的寻优策略。

其次，整理和集成已有算法。为适应 MDO 问题规范化的要求，需制定统一的算法接口标准，即统一的优化问题计算机描述、统一算法形式及调用方式。

参 考 文 献

[1] 钟毅芳,陈柏鸿,王周宏.多学科综合优化设计原理与方法[M].武汉:华中科技大学出版社,2006.
[2] AIAA Multidisciplinary Design Optimization Technical Committee. Current state of the art on multidisciplinary design optimization(MDO)[C]. An AIAA White Paper, September, 1991.
[3] Sobieszczanski – Sobieski J. Optimization by Decomposition: A Step from Hierarchic to Non-Hierarchic Systems[C]. 2nd NASA/Air Force Symposium on Recent Advances in Multidisciplinary Analysis and Optimization, Hampton, VA, Sept, 1998. NASA – TM – 101494, NASA – CP – 3031, Part 1.
[4] Sobieszczanski-Sobieski J. The Sensitivity of Complex, Internally Coupled Systems[J]. AIAA Journal, 1990, 28(1):153 – 160.
[5] 吴伟仁.军工制造业数字化[M].北京:原子能出版社,2007.
[6] 余雄庆.多学科设计算法及其在飞机设计中的应用研究[D].南京:南京航空航天大学,1999.
[7] 陈小前.飞行器总体优化设计理论与应用研究[D].长沙:国防科技大学研究生院,2001.
[8] 陈琪锋.飞行器分布式协同进化多学科设计优化方法研究[D].长沙:国防科技大学研究生院,2003.
[9] 罗世彬.高超声速分析器机体/发动机一体化及总体多学科设计优化方法研究[D].长沙:国防科技大学研究生院,2004.
[10] Liu W, Cui W C. Multidisciplinary design optimization(MDO): a promising tool for the design of HOV[J]. Journal of Ship Mechanics, 2004, 18(6):95 – 112.
[11] Liu W, Gou P, CAO A, et al. Application of hierarchical bilevel framework of MDO methodology to AUV design optimization[J]. Journal of Ship Mechanics, 2006, 10(6):122 – 130.
[12] 操安喜,刘蔚.载人潜水器耐压球壳的多目标优化设计[J].中国造船,2007,48(3):107 – 114.
[13] 胡志强,崔维成.多学科优化设计在缓冲球鼻首设计中的应用[J].中国造船,2009,50(3):32 – 39.
[14] Pan Bin bin, Cui Wei cheng, Leng Wen hao. Multidisciplinary design optimization of surface vessels[J]. Journal of Ship Mechanics, 2009, 13(3):378 – 387.
[15] 冯佰威,刘祖源.船舶 CAD/CFD 集成优化接口开发及应用研究[J].船舶工程,2009,31(增刊):116 – 119.
[16] 冯佰威,刘祖源.基于 iSIGHT 的船舶多学科综合优化集成平台的建立[J].武汉理工大学学报(交通科学与工程版),2009,33(5):897 – 899.
[17] 冯佰威,刘祖源.基于 CFD 的船型自动优化技术研究[C].杭州:船舶水动力学学术会议,2008.
[18] 冯佰威,刘祖源.舰船多学科综合优化设计计算环境研究[J].船舶,2009,20(116):5 – 8.
[19] 王振国,陈小前,等.飞行器多学科设计优化理论与应用研究[M].北京:国防工业出版社,2006.
[20] Farnsworth M, et al. A Multi – objective and Multidisciplinary Optimisation Algorithm for Microelectromechanical Systems[J]. Studies in Computational Intelligence, 2018, 731:205 – 238.
[21] Zhang Y, Agogino A. Hierarchical component – based representations for evolving microelectromechanical systems designs[J]. Artificial Intelligence for Engineering Design, Analysis and Manufacturing. 2011, 25

(1):41-55.
- [22] Frederico A, José V, Fernando L, et al. Performance based multidisciplinary design optimization of morphing aircraft[J]. Aerospace Science and Technology,2017,67:1-12.
- [23] Pavese C, Tibaldi C, Zahle F, et al. Aeroelastic multidisciplinary design optimization of a swept wind turbine blade[J]. Wind Energy,2017,20(12):1941-1953.
- [24] Adam Okninski. Multidisciplinary optimization of single-stage sounding rockets using solid propulsion[J]. Aerospace Science and Technology,2017,71:412-419.
- [25] Foozieh Morovat, Ali Mozaffari, Jafar Roshanian, et al. A novel aspect of composite sandwich fairing structure optimization of a two-stage launch vehicle(Safir) using multidisciplinary design optimization independent subspace approach[J]. Aerospace Science and Technology,2019,84:865-879.
- [26] 饶太春. 基于多学科设计优化的水下航行器型线设计优化[D]. 福州:福州大学,2019.
- [27] 孙一博,孟秀云. 滑翔飞行器多投放条件飞行性能优化[J]. 兵工学报,2021,42(04):781-797.
- [28] 王国欣,郭伟,邵伟龙,等. 多级轴流式膨胀机的多学科优化设计[J]. 风机技术,2020,62(06):23-34.
- [29] 林育恒. 洗扫车副车架多学科轻量化设计关键技术研究[D]. 郑州:郑州大学,2021.
- [30] 陈世适. 基于多源响应信息融合的优化设计理论与方法研究[D]. 北京:北京理工大学,2016.
- [31] 粟华. 飞行器高拟真度多学科设计优化技术研究[D]. 西安:西北工业大学,2014.
- [32] 粟华,王京士,龚春林,等. 耦合混合变量的空间机动飞行器多学科设计优化[J]. 宇航学报,2017,38(12):1253-1262.
- [33] 赵成泽. 中远程面对空导弹多学科优化技术研究[D]. 西安:西北工业大学,2016.
- [34] 李正洲,贺元元,高昌,等. 有翼再入飞行器气动外形集成设计优化研究[J]. 航空学报,2020,41(05):113-127.
- [35] Zhao Wei, Teng Long, Renhe Shi, et al. Multidisciplinary design optimization of long-range slender guided rockets considering aeroelasticity and subsidiary loads[J]. Aerospace Science and Technology,2019,92:790-805.
- [36] 陈保,白俊强,黎明. 基于分解策略的飞行器气动隐身优化设计研究[J]. 气体物理,2019,4(6):40-49.
- [37] 张力聪,朱亮聪,舒忠平,等. 空射弹道式高超声速导弹多学科优化设计研究[J]. 导弹与航天运载技术,2020,3:8-14.
- [38] 易永胜. 基于协同近似和集合策略的多学科设计优化方法研究[D]. 武汉:华中科技大学,2019.

第2章 船体型线设计原理与方法

船体型线决定了船舶的外形,是船舶设计最基本、最核心的设计内容之一。本章重点介绍船体型线设计的特点、方法,以及国内外船体型线优化的研究进展,阐述船体型线多学科设计优化的基本问题。

2.1 船体型线的主要特点及地位

在船舶初始设计阶段,经过重量、排水量、舱容、快速性、稳性等技术经济性能的初步估算,确定了船舶的排水量和主尺度以后,就要着手船体型线设计、绘制型线图。只有当型线图确定以后,船舶设计的许多工作才能正式进行下去,如总布置设计、结构设计、舱容及性能计算等都是在型线确定的基础上展开的[1]。

船体型线设计的成功与否,直接影响到船舶的技术和经济性能。

(1) 性能。船舶的航行性能都与船体型线有很大的关系,包括船舶的浮态、快速性、耐波性、稳性、操纵性等,这些性能的计算都以船体型线为基础。

(2) 总布置。船舶主体内舱室的布置,特别是尾机型船舶或尾部型线复杂的船舶的机舱布置;甲板面积及甲板上的设备、舱室的布置等都与船体型线有密切联系。

(3) 结构与工艺。船舶结构强度、振动等是否符合规范、施工建造方法是否合理等也与船体型线有关。

2.2 船体型线设计的基本方法

初步设计阶段中的型线设计通常是在船舶主尺度确定后与总布置设计配合进行的,但在设计方案构思和选择主尺度时,就要对船体型线有所考虑,并在型线设计中加以细化和检验[2]。

型线设计的结果是以型线图来表达的。控制船体型线的要素主要是横剖面面积曲线、设计水线和甲板边线、横剖线形状、侧面轮廓图。恰当选择上述因素,就可以使型线得到有效的控制。

生成型线的方法很多,下面就主要方法加以阐述。

1. 母型改造法

母型改造法就是选择一条或数条与所要设计的船舶类似的、已经营运的、已知其性能的优秀船作为母型,通过主尺度变换、横剖面积曲线变换等线型变化方法,得到符合设计船要求的新船型。根据母型资料,可预估新船的性能。该方法的优点是简便易行,可以保持母型船的型线特征,是一种很受欢迎的方法;缺点是型线的设计质量主要依赖于设计人员的经验和直觉判断,对如何优化新设计船的性能没有提供科学依据。

2. 自行绘制法

在缺乏母型资料的情况下,根据新船的具体要求和型线生成的基本原则,由设计者自行绘制船体型线。这种方法也从某种程度上参考了性能尺度不完全一样的现有船型。采用该方法绘制型线图的步骤如下:绘制横剖面面积曲线,绘制设计水线、中横剖面线、侧面轮廓线和甲板线,绘制横剖线和水线,绘制纵剖线和水线。

3. 系列图谱法

系列船型一般经过较广泛的系列船模试验,其阻力、推进等试验资料较全面。系列图谱法是根据各家船池所公布的同类型船的阻力性能系列图谱来设计船型和估算阻力。船型系列图谱有很多,对运输船船型来说,著名的有美国的泰勒(Taylor)系列和陶德(Todd)系列60、英国的BSRA、荷兰的NSMB、瑞典的SSPA和日本的SR45。我国公开发表的资料有:我国沿海货轮船模系列试验、我国小型客货轮船模系列试验、长江船系列试验等。以其中具有代表性的泰勒图谱为例,它通过系列地变化排水量长度比、棱形系数和宽度吃水比后,作出剩余阻力、相对速长比的图表。根据图表可以预估船型阻力,同时也能看出船型主要参数的变化对剩余阻力值影响。图谱中还能反映出给定设计航速下纵向浮心位置的变化对阻力值的影响。这种方法的优点是对新设计船的参数选定和阻力估算可提供较可靠的依据;缺点是仍然依赖于系列母型,不能反映船型变化对阻力的影响。

4. 回归方程法

回归方程法是通过大量的船模试验得出阻力与确定船型的参数之间的相关关系,并建立回归方程,以预估船型阻力。较早应用这种方法的有多思德(Doust)、海斯(Hayes)及土屋对渔船试验结果的回归分析和萨利特(Salit)建立的系列60和BSRA系列回归方程。

这种方法的优点是所选择的参变量较多,在适应船型的范围上与系列图谱法相比有较大的改善;缺点是选定的参数毕竟是有限的,因此仍然不能完全反映船型变化对阻力的影响,更何况统计分析所利用的试验资料也是有限的。用该方法设计的船型在阻力性能上也只能达到统计的平均水平;采用回归方程法也不能明确表示船型的参数变化对兴波阻力的影响。

5. 函数参数船型

函数参数船型即函数表达设计法(也称数学船型方法),是用某函数 $F(x,y,z)$ 来表达船型,型线的函数表达式如何构造是数学船型的关键,到目前为止还没有很好的解决方法。该问题的核心在于为了能更好地表达型线而采用高阶次函数,函数阶次越高,待定系数也越多。

6. 船体型线设计的专家系统方法

在船体型线设计方面,可以借鉴人工智能领域的专家系统,形成专家系统设计方法。造船界的专家系统有 MacCallmu 和 Duoff。专家系统建立的设计结构当然比单纯用数值解析方法更加合理,更富有吸引力;但这种方法较数值解析方法对计算机系统要求要高,系统资源消耗量大。因为专家系统中的信息存在着提取和解析,如果把网络作为特殊的工具进行信息传递,就会出现一个网上信息的提取解析的要求,有关这个方面的研究将是一个全新的课题。

2.3 船体型线多学科设计优化的基本问题

2.3.1 传统船舶设计方法分析

目前,船型设计往往采用母型改造的方法。设计者根据用船部门对设计船提出的各项要求,凭借自己的经验,寻找几艘用途相仿、形状相似、营运中又让业主满意的船作为母型船,然后结合新船的设计特点,分析、确定船舶主尺度,形成初步方案,接下来就是估算这个方案的各种性能,并与母型船比较,确认是否达到预期的改进效果和技术任务书中的各项性能要求。由于船舶设计中的矛盾错综复杂,这种估算校核工作往往要进行多次,才能得到一个比较符合要求的方案[3]。换言之,船舶的设计过程是一个反复循环、螺旋式前进的过程,如图 2-1 所示。

这种螺旋式的设计过程,实际上是一种串行序列化方法。即首先确定主尺度,然后进行船型设计和总布置设计,再根据船型进行主机选型及螺旋桨的设计,之后再进行结构设计,最后进行其他子系统的设计。在整个设计过程中,各学科的设计参数被陆续确定,设计人员对已经确定的参数不断进行各类性能校核,而且随着设计的深入,这种性能校核将更为严格,从最初的经验公式到基于 CFD/CAE 的性能预报,其精确度不断提高,直到最终确定符合性能要求的设计方案。这种串行的设计方法对设计人员来说有其特有的优势,因为在设计过程中的某个阶段(如动力系统设计),大量的船舶设计参数(如主尺度、船型等)已经被确定,这些参数常被作为静态变量来考虑,或仅仅允许在小范围内进行改变,这就大大减少了问题的复杂度,设计人员可以更多专注于动力系统本身的设计,而不用考虑前期阶段的设计。但这个方法的缺陷是在设计的每个节点由于有过多的设计参数保持不变,本阶段的设计优化空间非常有限,最终获得的将是一个可行的方案,而非最优方案。

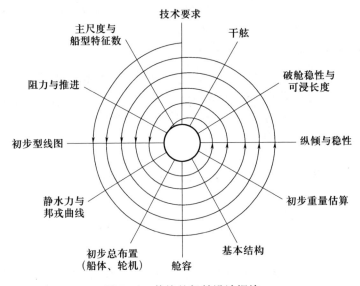

图 2-1 传统的船舶设计螺旋

船舶是一个复杂的巨系统,由很多子系统构成,各主要子系统之间均有强弱不同的耦合关系。例如,改变船体的结构设计将会改变船舶总重量,进而影响船舶排水量、阻力及主机功率需求,同时也改变了船体的质量分布,最终影响耐波性能,而改变船舶阻力和推进特征又会影响所载燃料的重量,进而影响结构性能、空间利用情况及船舶的耐波性能。因此,为了获得整个系统的总体最优解,合理的做法是在设计初期同时考虑船型、结构、推进等学科的设计,给出各学科的设计变量、约束条件以及各子系统之间的耦合关系,在满足系统总目标较优的情况下,设计各子系统,以获得各方面的综合平衡。MDO 为船舶系统设计提供了一个有效的手段,通过 MDO 的实施可以获得系统的整体近似最优解,如图 2-2 所示。

由于船舶系统的复杂性以及目标的多样性,其多学科设计优化仍是一个异常复杂的问题,目前还有很多难点没有解决。为初步探讨 MDO 方法在船舶设计中的应用,本书以船型为研究对象,重点研究船型 MDO 的基本问题及实施方法。

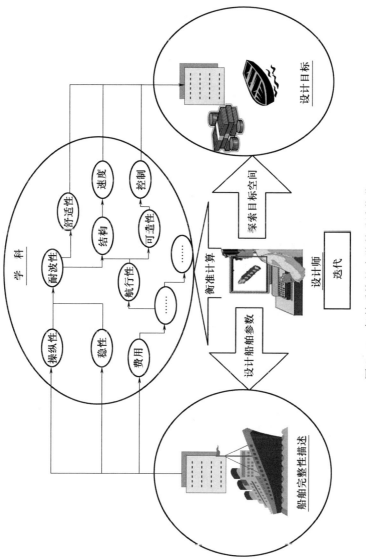

图 2-2 船舶系统的多学科设计优化

2.3.2 船型多学科设计优化的基本问题

开展船体型线 MDO 方法的应用,主要有以下一些基础性问题还需深入研究解决。

1. 船型优化 MDO 系统建模

应用 MDO 进行船体型线优化设计时,首先需要建立系统模型,即解决如下问题:如何定义系统级优化问题,要包含哪些学科,各学科拟采用何种分析模型和优化方法,哪些设计变量为全局设计变量,哪些设计变量为局部设计变量,如何应用代理模型或敏感度分析方法,等等。总之,当 MDO 流程应用于船型设计时,应深刻理解所需解决问题的本质,建立科学合理的系统模型。

2. 船型参数化几何模型

船型几何模型的参数化表达,是船型 MDO 的基础,其作用是为各学科分析和优化提供一个统一的几何模型,并根据各学科分析结果自动修改调整船体型线。由于船体外型的复杂性,如何用一组形状参数来精确描述船舶的几何外形是一个关键问题。尽管有很多学者提出了多种基于母型库的部分参数化建模方法,但若建立一套完全由形状参数控制的船型几何建模系统尚需要进一步研究。

3. 模型生成器

各学科计算模型的自动生成是指基于船型几何模型自动生成阻力分析模型、耐波性分析模型、操纵性分析模型等。其实质就是要为各学科的计算程序(软件)自动地准备好输入数据文件。通常将具有自动生成各学科分析模型的程序模块称为模型生成器[4-6]。它是实现船型 MDO 流程自动化的一个关键环节。模型生成器的一个关键是要保证所生成的分析模型有足够的可信度,因此对其生成的计算模型的验证也是一个重要内容。

4. 耦合关系分析与表示

MDO 中耦合关系是指在两个或两个以上的学科之间互为输入、输出的关系。船舶是一个复杂的巨系统,为应用 MDO 方法进行设计优化,首先必须将系统分解为若干学科(子系统),因此各子学科(子系统)间的耦合关系分析与表示是船型多学科设计优化的基础问题之一。

5. 船型 MDO 平台的建立

为实现船体型线的 MDO,应建立专门的船型 MDO 平台。其目的是按照 MDO 流程,针对具体的设计优化问题,将各学科的分析程序或优化模型、优化方法、优化策略集成,形成设计优化系统。

2.4 船体型线优化的国内外研究进展

2.4.1 国内船型优化研究进展

1. 船体尺度及船型系数优化研究进展

在设计的初始阶段,通常是针对给定的船体尺度选择相应的母型船,初步确定船体型线。就船舶水动力性能而论,尺度与船型系数的选择是十分重要的。因此,在保证总体布置与结构设计及经济性的前提下,在尺度限定范围内对其进行适当的调整是可能的,也是必要的[7]。目前,对船体主尺度及船型系数的水动力性能优化主要从快速性、操纵性及耐波性等方面来考虑。

快速性一般可以比较直观地以船舶航速是否能达到设计航速和船舶有效功率的大小来评价。数值指标方面用得最普遍的是海军系数法,文献[8]提出了快速性衡准因子 C_{sp},它类似于海军系数,能衡量船舶的快速性能,包括线型与螺旋桨敞水性能的优劣,是一个综合评价因子,对船舶设计工作比较实用。综观发表的有关资料来看,快速性优化主要侧重于阻力和推进器分别优化,而对推进因子的计算及优化还远未成熟。

船舶耐波性的优劣直接关系到船舶的适居性、航行使用性和安全性,船舶耐波性的好坏已经成为衡量现代化船舶航行性能的重要衡准之一。武汉理工大学在耐波性设计评价方面开发了评价指标(作业百分数)计算程序系统,针对小水线面双体船的主尺度进行了优化[9-11]。虽然目前出现了很多的耐波性综合评估的方法,但是没有一种方法能够得到这个行业内所有人的认可。各种不同的方法都有其自身的特点和优点,也各有缺点。武汉理工大学在耐波性设计评价方面开发了评价指标(作业百分数)计算程序系统,针对小水线面双体船的主尺度进行了优化[9-11]。

目前,船舶航行密度不断增大,船速不断提高,加之船舶向大型化、专业化的方向发展,以及在限制水域中航行,人们更加关心船舶的操纵性能是否满足安全上的要求。在传统的船舶设计中,船型及其主尺度主要是根据快速性、稳性等方面的要求来决定的,很少考虑操纵性的要求。文献[12-14]建立了一种以操纵性能为目标函数的船舶航行性能优化模型,利用离散复合形方法给出了船舶主尺度、船型系数和舵面积等几何要素的优化计算方法,建立了船体主尺度和舵参数与操纵性指数之间的关系。

随着时代的进步,船舶面临的海洋环境越来越复杂,所承担的任务要求也越来越高,因此迫切要求实现船舶航行性能综合优化,达到船舶航行性能综合兼优的目标,使之能更好地完成各类任务。文献[15]将遗传算法应用于大型中速船舶快速性和操纵性综合优化,建立了船舶快速性和操纵性综合优化数学模型,实现了船舶主尺度及船型系数的航行性能综合优化。文献[16]以快速性、耐波性和操纵性3项性能指标加权作为优化目标函数,而将稳性和浮性等其他一些性能及其船型主要要素(参数)的限制作为优化约束条件,建立了高速单体船航行性能综合优化数学模型,利用改进的遗传混沌算法,完成了高速单体船航行性能综合优化。文献[17]针对深海采矿船早期设计阶段的方案生成问题,结合采矿船的指标要求、船型特点和功能需求,选择以船体空船重量最小、货舱利用率最大、船体横摇周期和纵摇周期最大为优化目标,建立适用于深海采矿船主尺度优化的多目标优化数学模型,采用NSGA-Ⅱ算法进行迭代求解。文献[18]通过多学科优化方法对船型主尺度要素进行优化,以船舶阻力和船舶能效设计指数(energy efficiency design index, EEDI)为目标,寻找高效节能船型。文献[19]综合考虑了破冰航行效率、EEDI和相对回转直径,以此为基础建立了多目标综合优化模型,并以一艘油船为例开展了极地船舶的主尺度优化研究。文献[20]以方形系数、浮心纵向位置、船宽吃水比为优化变量,以最小总阻力为优化目标,通过数值计算研究了各参数对渔船阻力性能的影响。

2. 船型精细优化研究进展

目前,国内研究者主要还是利用势流理论计算船舶兴波阻力来优化船体型线。夏伦喜、刘应中[21]阐述了等价波船理论并结合船型改进进行了研究工作。叶恒奎研究了用帐篷函数计算兴波阻力及优化船型的问题,他把熊继昭理论引入国内,采用SUMT混合罚函数优化,把约束优化问题转化为无约束优化问题来求解。这种方法原理简单,程序易于编制,对目标函数和约束函数要求不高,适用范围较广[22]。黄德波将用单位帐篷函数表示的船体半宽函数代入Michell积分,求得兴波阻力系数,对高速船型进行过很有成效的优化设计研究与实现[23]。潘中庆、都绍裘等[24]应用Mathieu函数,基于线性兴波理论,采用直壁假设,将波阻描述为面积曲线的积分,引入无限水深边界,在给定船速、棱形系数条件下改进船型和降低波阻。张轩刚、都绍裘[25]等突破帐篷函数在表征船体曲面网格方面的稀疏和较大近似性的问题,在应用双二次样条函数计算高速双体船的兴波阻力和改进船型方面进行研究与实现。石仲堃等采用线性兴波理论与波形分析相结合的方法对理论波幅函数进行修正,并采用SUMT优化方法对高速船型进行优化[26]。马坤、田中一朗[27]在基于兴波阻力的最小阻力船型优化研究方面做了很多探讨,讨论了最小兴波阻力船型和最小总阻力船型的设计方法,即把控制尾流分离作为约束条件,以船舶总阻力最小作为目标函数,不仅简化了模型,提高了计算速度,而且考虑了尾部的流场。纪卓尚[28-34]等在兴波阻力计算方面亦作了大量的研究;此外,李继先、都绍裘等对Rankine源作了深入的研究工作;范余明等对Dawson方法在球艏选型中的应用进行过研究[35-37]。

除上述研究外,文献[38]在某舰船上选取了5个船型参数进行优化,结果表明基于形状参数的优化方法可以使得船型曲面光顺合理,并且优化效果明显。文献[39]在进行概念设计时,同时考虑主尺度和型线的优化,在CAESES软件平台上对阿芙拉型油船进行了全参数化建模,最终完成了该船的多目标优化。文献[40]应用CAESES软件,搭建了船型优化平台,完成了KCS船型的兴波阻力优化。文献[41]将非均匀有理B样条(non-uniform rational B-Splines,NURBS)基函数和非均匀控制点框架结合,建立了基于NURBS基函数的自由变形技术(NURBS-based free-form deformation,NFFD),并以某运输船为例完成了船首和船尾部分的自动变形。文献[42]采用NURBS与径向基函数插值(radial basis function,RBF)相结合的方法,实现了船体曲面的三维自动变形。研究结果表明,基于RBF的船体曲面变形方法适用于船型优化,符合工程实际需要。文献[43]采用RBF方法对KCS船型和Series 60船型进行了曲面变形,验证了基于RBF曲面变形方法的可行性和工程实用价值。文献[44-45]详细研究了径向基函数插值方法中基函数支撑集半径的选取问题,并得出了一些有益的结论。文献[46]采用非线性规划、遗传算法等研究了Wigley船型和Series 60船型的阻力性能。义献[47]利用自主开发的软件平台将遗传算法与梯度算法组合,并应用于船型水动力性能优化。文献[48]对粒子群优化算法的初始化方法和权重系数的选取进行了改进,并将其应用于某舰船快速性、耐波性、操纵性的三目标优化,得到了不同权重下的Pareto最优解集。文献[49]利用iSIGHT平台中内嵌的多岛遗传算法和序列二次规划方法对某肥短船型进行总阻力性能优化。文献[50-52]将近似技术应用于船型自动优化中,完成了1300TEU集装箱船的线型优化。文献[53-54]通过建立雅克比矩阵来表示船型参数和性能指标之间的关系,对某船型进行了优化设计。文献[55]提出了一种基于梯度的涡搜索算法,并将该方法应用于KCS船的首部线型优化。文献[56-57]利用均匀设计方法对船型设计空间进行采样,并对优化参数进行了灵敏度分析,得到对船舶阻力性能影响较大的局部特征参数,在此基础上完成船型优化设计。文献[58-60]将数据挖掘方法应用于船型优化中,利用数据挖掘技术分析设计空间的特点,提高了船型优化的效率和质量。

2.4.2 国外船型优化研究进展

国外船型优化在最近十年的研究走向,如图2-3、图2-4所示,两图分别表示计算流体动力学(CFD)计算方法与船型几何建模方法及优化算法的进展比较。为了参考方便,本书将二维机翼、三维机翼及飞行器形状优化的研究进展也纳入了比较范围。

由图2-3、图2-4可以看到,形状优化最早使用的CFD计算方法是对二维

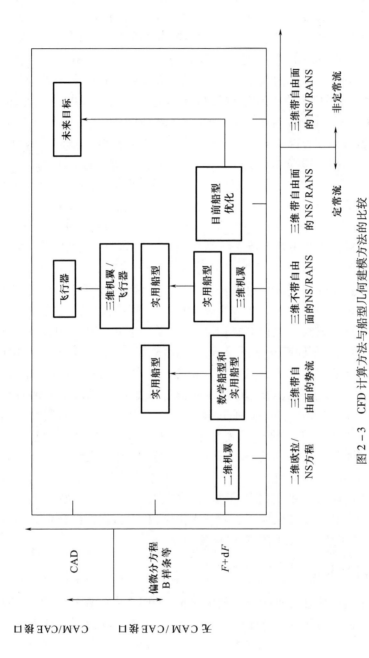

图 2-3 CFD 计算方法与船型几何建模方法的比较

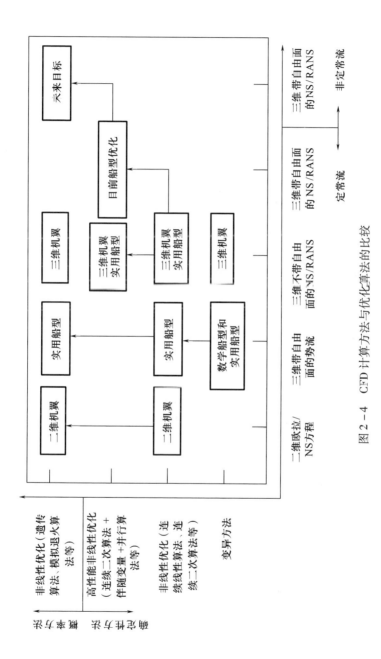

图 2-4 CFD 计算方法与优化算法的比较

Euler/NS 方程的求解,为了更符合工程实际需要,发展了三维流场求解方法,对于三维问题,首先采用基于势流方法求解,考虑了线性或非线性的自由面边界条件。在 1990 年以后,随着计算机硬件技术的发展,求解三维 NS/RANS 方程的技术得到了应用。当前 RANS 求解主要应用于定常流的仿真,非定常流的仿真的研究处在迅速发展中。

在流体动力学及空气动力学领域中,形状的优化问题基本上都是非线性的,因此除了在早期阶段所使用的变异方法外,优化算法的发展是以非线性规划(NLP)为主,如图 2-4 所示。此外,通过引进伴随变量(AV)及并行计算的架构,NLP 的性能也得到了提高。在图 2-4 中所示的算法 SLP、SQP 等均属于确定性的优化算法,而遗传算法(GA)和模拟退火方法(SA)则属于概率方法,这种方法理论上不需要进行敏感度分析就可以找到全局最优解。很多学者将 GA 与 NS 的求解结合起来进行船型的优化,取得了很好的效果,然而由于 GA 具有概率性搜索的特点和 NS 求解的计算量巨大,常导致优化的费用非常大。

下面详细介绍国外在船型水动力性能优化方面的研究进展[61]。

1. 以兴波阻力为指标优化船体型线

以兴波阻力最优来优化船体型线,已有大量的国外学者开展过研究,主要包括 S. Harries、A. H. Day、N. E. Markov、S. A. Ragab、C. Yang、R. Dejhalla、P. Chen、G. Saha、Y. Tahara、G. Saha、M. Valorani 等[62-72]。

在上述的研究中,在优化算法方面,除了 A. H. Day 在优化过程中采用遗传算法,其他的学者均采用了基于梯度的局部优化算法[63,67]。

在优化对象方面,M. Valorani 关注的是球鼻首部位的型线优化,Y. Tahara 关注的是尾部、首部及声纳部位,而其他学者则以整个船体的型线优化为研究对象[71-72]。

在数值计算方面,除了 Y. Tahara,其他学者均采用势流理论计算兴波阻力[71];而 Y. Tahara 则使用基于求解 RANS 方程的 CFDSHIP – IOWA 软件计算总阻力[71]。在研究中,A. H. Day 研究了 4 个不同速度下的阻力变化情况,C. Yang 则考虑了在 10 个以上速度下的阻力变化情况,而其他学者都是在单个速度下进行[63,66]。在优化的目标选取方面,一些学者采用无因次化的兴波阻力系数作为优化目标,通过优化船体型线减小兴波阻力系数,使单位船体湿表面积的兴波阻力最小;另一些学者则使用兴波阻力为优化指标。如果这两类优化中的湿表面积不相同,那么最终优化获得的船型也将有所差异。

在优化设计变量的选取及约束条件的处理上,不同学者也有不同的处理方式。R. Dejhalla 仅仅是对船体型值的 Y 坐标进行操作[67];R. Dejhalla 除了对设计变量限制外,没有使用其他的设计约束,而 G. Saha 使用排水量约束,在优化过程中使其在一定范围内变化[67,70]。N. E. Markov 则使船型各站的横剖面形状保持不变,而沿首尾移动各剖面的纵向位置,在优化过程中没有应用任何约束条件[64]。Y. Tahara 操纵船尾部、首部及声纳部分的 Y 和 Z 的坐标值,通过使用缩放算法来保持其曲面的光顺性[71];在应用缩放算法的过程中使用一个较小变化范围的设计约束。M. Valorani 则采用在球鼻首曲面上叠加贝赛尔面片,通过重新确定控制点的方法来改变几何形状[72]。C. Yang 通过操纵船体的相对位置来优化三体船,但除了对船体位置坐标值的限定,船体型线保持不变,在整个优化过程中没有使用其他的限制条件[66]。S. Harries 和 L. J. Doctors 都使用了一个参数船体型线设计模块,通过该模块可以生成丰富多彩的船型,在优化过程中采用了排水量约束[62-63]。S. A. Ragab 使用了一个 B 样条曲面描述船体型线,将曲面控制顶点作为优化变量,在优化过程中除了优化变量的限制没有其他的约束条件[65]。

在优化的初始工况方面,A. H. Day 考虑了 4 个不同速度下的船型优化,而其他学者仅考虑了单个速度下的优化[63]。这就阐明了优化的本质,即在优化过程中应综合考虑多个工况,才能获得较优的设计方案。如果单独考虑某一个方面,那么优化的船型将可能是不切实际的。

上述所有的优化都能够在提高兴波阻力性能的同时找到改进了的船体型线。S. Harries、A. H. Day、N. E. Markov、S. A. Ragab、R. Dejhalla、P. Chen、Y. Tahara 等在其文献中发表了经优化后的船体型线,但除了 A. H. Day[62-71] 获得了较优的实用型线,其他的船体型线都出现了异常的凸面和凹面,这样的线型将导致难以建造,同时对空间利用也很不利。另外,这种特殊的船型由于相反的压力梯度和流态分离也可能导致形状阻力的恶化。

2. 以总阻力为指标优化船体型线

一些学者也以总阻力为指标来优化船体型线,包括 D. B. Danõgman、S. Percival、D. Peri、R. Duvigneau、K. Suzuki 等[73-78]。

在优化算法方面,这些学者均采用了基于梯度或无梯度的优化方法。值得注意的是,尽管这些学者均选择了基于梯度或无梯度的优化算法,但没有人讨论优化的方案是否会收敛到全局最优解。

在优化对象方面,为了降低优化变量的数目,进而减少优化的时间,研究的优化对象均为船体型线的某一部分,如船艏部或艉部,而不是整个船体型线的优化。

在数值计算方面,D. B. Danõgman[73] 对双体船的首部进行了优化,其兴波阻力是通过一个势流公式计算,摩擦阻力则采用 ITTC(1957)公式计算;D. Peri[75] 使用相似的目标函数和水动力分析方法优化了油船船首部分;S. Percival[74] 优化改进 Wigley 船体型线;R. Duvigneau[77] 对水动力分析使用 RANS 求解器,并对船体尾部线型进行了优化[77];K. Suzuki[78] 采用基于势流水动力分析求解,通过减小次态流的能量优化船体尾部,从而减小船体总阻力。

在优化设计变量的选取及约束条件的处理上,D. B. Danõgman[73]通过帐篷函数来描述船体型线,通过控制点来操作船体型线;S. Percival[74]通过操纵船体表面B样条控制点来变换船体的型线;K. Suzuki[78]使用多项式样条插值算法控制船体型线 Y 坐标值;D. B. Danõqsman[73]以首部的排水体积和球鼻首长度为约束,对球首进行了优化;S. Percival[74]以固定排水量和固定横向水翼运动为约束。R. Duvigneau[76-77]除了对优化变量有限制,没有使用其他约束条件。K. Suzuki[78]在控制优化变量上下限的同时,应用了一个最小的排水量约束。Kim[79]利用 Neumann – Michell 理论对 KCS 船型的总阻力性能进行计算。M. Moonesun[80]等通过 CFD 方法和 Flow Vision 软件对一艘潜器的尾部进行了阻力性能的优化。

上述优化所获得的船型在单个速度情况下的总阻力性能均得到大的提高。D. B. Danõgman[73]所述的优化船体型线方案较为理想,保持了光顺性,这说明了船型变换方法的可行性。而 S. Percival D. Peri 和 R. Duvigneau[74-78]优化的船体型线曲面均有不同程度的凸凹,这在船舶设计中被认为是不可行的;S. Percival[74]优化的船体型线方案很极端,不能被设计人员所接受。

3. 以阻力及推进性能为指标优化船体型线

国外也有一些学者以阻力及推进性能为指标优化船体型线,主要包括 K. Y. Lee、W. L. Neu、C. Jiang、H. D. Sherali、Wolf 等[81-84]。

在优化算法方面,K. Y. Lee、W. L. Neu 和 H. D. Sherali[81-82,84]使用基于梯度的优化算法。C. Jiang[83]没有使用自动优化,而是手工重现各设计方案的结果,这种方法没有进行进一步研究。

在优化的目标方面,上述学者的研究均对主尺度及船体型线进行并行优化,但在整个优化过程中使用了简单分析方法。所有这些优化分析都将船舶成本作为目标函数。K. Y. Lee[81]以船舶建造费用作为唯一的优化目标,W. L. Neu[82]以必要货运费率(RFR)作为唯一的优化目标,Wolf 以船舶建造成本、速度、航程和战斗能力作为优化的目标,在所有的研究中,经济成本的目标函数均考虑了推进性能的影响,船体水动力性能均被直接和间接地反映在船舶建造的成本模型中。然而,在以经济性为主的目标函数中水动力性能的影响也许由于其他设计因素被掩盖了,导致船舶水动力性能不能达到最佳。

在船型参数化表达方面,W. L. Neu 和 H. D. Sherali 均使用融合函数法生成船体型线,并尝试论证响应面模型如何能加速优化方案的收敛或获得性能较好的船型方案。优化过程中的性能分析均采用经验公式,通过优化获得较优的主尺度及初步的船体型线[82,84]。

4. 以阻力及耐波为指标优化型线

水动力性能多学科设计优化也有很多学者在进行研究,主要包括 S. Harries、A. J. Brown、D. Peri、G. Grigoropoulos、E. K. Boulougouris[85-91],这些学者对船舶水动力优化的研究至少考虑了阻力和耐波性能中的一个。

在优化算法方面,在整个优化过程中,所有的研究均使用无梯度的全局搜索算法进行整个设计空间的探索,同时以基于梯度局部搜索算法作为补充,以获得更好的优化结果。S. Harries、A. J. Brown、E. K. Boulougouris 使用一个多目标遗传算法(MOGA)[85-86,91];D. Peri[87,89-90]等使用试验设计方法建立了一个响应面模型,在此基础上利用全局搜索算法进行了整个设计空间的探索;G. Grigoropoulos[88]使用了确定性的搜索算法进行了优化工作。Zha[92]研究了一种高效的基于势流理论的优化求解器,以改善船舶的静水阻力性能和耐波性能。Gammon 利用多目标遗传算法对渔船的阻力性能、耐波性能和稳性进行优化[93]。Yang[94]等利用响应面模型和多目标优化算法对水下潜器的多个性能进行仿真。Diez M.[95]等以 DTMB5415 船型为优化对象,在其研究中使用 WARP 和 SMP 软件评估了船舶的水动力性能,采用粒子群算法优化船体型线。

在优化的目标及计算方法方面,Harries. S[83]在滚装船的型线优化中以固定航速下单位排水量总阻力最小、排水量最大为目标函数。总阻力 R_t 由三部分构成:兴波阻力 R_w,通过势流求解器来计算;摩擦阻力 R_f,根据 ITTC(1957)公式计算;形状阻力为 $k \times R_f$,用一个确定的形状因子 $k = 0.2$ 来计算。用基于切片理论的数值求解器来进行耐波性能计算,但在整个优化过程中耐波性能指标只是作为性能约束条件。A. J. Brown 使用综合效能指数(OMOE)和全生命周期费用(LCC)建立多目标优化问题,船舶水动力性能的各指标包括在 OMOE 和 LCC 的分析模型中,船型阻力计算采用泰勒标准系列法,耐波性计算则根据经验公式,这些性能指标最后均被并入计算 OMOE 的模型中[86]。D. Peri 和 E. F. Campana 以最小化总阻力及最小化船舶的垂荡和纵摇峰值作为优化的目标函数,对船体型线进行了优化[87]。D. Peri[89]在两个不同航速及 3 个不同海况下,使用不同速度下的总阻力均值和不同位置的速度和加速度的最大均值为优化指标,在建立优化问题时要求这些指标均最小。对总阻力的求解采用了基于势流求解器和 ITTC(1957)摩擦阻力计算公式,耐波性由二维切片理论计算。D. Peri 和 E. F. Campana[90]在单一航速状态下,以最小化兴波阻力,最小化垂荡和纵摇峰值及最小化声纳顶部旋涡建立了一个多目标优化问题,船体阻力和流体动力特征使用 RANS 求解器来计算,耐波性使用三维频域面元求解器计算。E. K. Boulougouris[91]以最小化船体总阻力和最小化重心最大垂向运动构建了一个多目标优化问题,阻力采用 Shipflow 软件计算,船舶运动利用三维面元求解器计算。

在设计变量及约束条件方面,上述的研究尽管考虑了水动力性能对船型的影响,但就优化的对象来说,船型优化范围相对较小(如球鼻首区域)。S. Harries[85]使用有限个重要的船型参数作为设计变量,设计约束包括设计变量的上下限和船体排水量的限制。D. Peri[87,89-90]应用Bezier曲面片叠加在船体优化区(如首部或尾部),采用Bezier曲面的控制点作为优化的变量。D. Peri和E. F. Campana[90]则使用排水量设计约束,要求在母型排水量的±2%内变化。

S. Harries[85]所显示的优化船体型线较好且实用,这是由于在优化中较好地利用了其自行开发的参数化船型CAD软件CAESES。D. Peri和E. F. Campana优化型线也很光顺,这主要是因为对船体型线改变相对较小,Bezier面片可以被很好地整合到母型曲面中[87,89-90]。

5. 融入CAD技术的船舶水动力性能综合优化研究进展

此方面的研究主要集中在意大利、日本、德国。总体来看,这几个国家部分学者的研究主要侧重将CAD融入船舶水动力性能优化中,而且其研究均按照设计分析集成化、一体化的主线发展,其思路可用流程图2-5来表示。

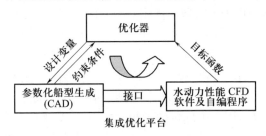

图2-5 融入CAD技术的船舶水动力性能综合优化流程图

意大利罗马水池D. Peri基于Bezier曲面,开发扰动面法对船型的表面进行数学描述,通过改变扰动面控制顶点坐标,可实现船型的参数化变换。以总阻力最小、垂荡和纵摇峰值最小为目标,并在优化中将布置因素、排水量、浮心位置等作为约束条件,利用多目标遗传算法求解阻力和耐波两学科的三目标优化问题;同时应用了试验设计技术及近似技术对优化问题进行求解,有效解决了CFD计算及优化时间长等问题[75,87,88-90]。

德国S. Harries[62,85]基于船型特征的分析,进行了参数化建模,并开发出一套全参数化的商业CAD软件CAESES,该软件可根据一系列的船型特征参数直接生成所需要的船型,这些船型特征参数在优化过程中将直接作为优化的变量;分别应用了两套数值求解软件,对生成的船型进行水动力分析,主要考虑了耐波性能及静水中阻力;利用modeFRONTIER集成优化平台对CAD软件(CAESES)和CFD数值求解软件进行了集成,完成了船舶水动力性能多目标优化工作,并对优化结果进行了模型试验验证;为解决CFD计算及优化时间长等问题,在设计过程中同样采用了试验设计技术及近似技术。

Y.Tahara对船型的参数化表达及修改采用目前较为流行的CAD软件NAPA进行二次开发完成,通过融合函数法生成一系列的新船型;采用CFD数值计算软件,完成了推进性能及操纵性能的计算;自行开发集成优化平台,在该平台上完成了集装箱船的球首优化,并进行了试验的验证[96]。

根据以上国内外船型优化现状的对比分析,可以得出下面的结论,如表2-1所列。

表2-1 国内外船型精细优化最新进展对比分析

地区	对比因素				
	船型参数化表达	综合考虑性能	CFD计算方法	优化算法	应用阶段
国外	参数化CAD软件	阻力性能、推进性能、耐波性能	黏性流理论、势流理论	全局优化算法、局部优化算法	主尺度设计阶段、型线设计阶段
国内	FFD方法、RBF方法、融合方法	阻力性能、耐波性能	黏性流理论、势流理论	全局优化算法、局部优化算法	型线设计阶段

综上所述,国外在船舶水动力性能多学科设计优化方面已经走向了基于仿真的设计(simulation based design,SBD),实现了以性能驱动设计的目标。其研究的对象也不仅仅局限在单个性能,而是多个性能的综合优化,优化的船型也较为实用。国内在此方面的研究也不甘落后,经过十余年的发展,相关理论的研究也取得了很大的进步,尤其是在船型参数化表达、优化算法、近似技术、CFD数值计算等方面,不仅突破了部分关键技术,而且也研发了具有自主知识产权的船型优化平台,成功应用于实际工程船型的研发。

参 考 文 献

[1] 曾隆杰.船舶CAD[M].北京:人民出版社,2000.
[2] 李作志.基于兴波阻力数值计算的船型优化研究[D].大连:大连理工大学,2005.
[3] 陈宾康,董元胜.计算机辅助船舶设计[M].北京:国防工业出版社,1994.
[4] Carty A,Davies C. Fusion of aircraft synthesis and computer aided design[A]. AIAA 2004—4433,2004.
[5] Rondeau D L,Peck E A,Williams A F. Generative design and optimization of the primary structure for a commercial transport aircraft wing[A]. AIAA 96—4135,1996.
[6] Rocea G,Krakers L,Tooren M J L. Developmentof an ICAD generative model for blended wing body aircraft design[A]. AIAA 2002—5447,2002.

[7] 王言英.基于阻力性能船体型线精细优化的 CFD 方法[J].大连理工大学学报,2002,42(2):127-133.

[8] 刘传才,顾懋祥,等.引导进化模拟退火算法在舰船性能优化设计中应用[J].中国造船,1997(2):11-17.

[9] 毛筱菲,熊义海,熊云峰.大风浪中舰船航行安全性评价[J].中国航海,2004(3):28-31.

[10] 熊云峰,毛筱菲.基于加权灰关联模型的船舶性能综合评价[J].武汉理工大学学报(交通科学与工程版),2005(4):638-640.

[11] 熊云峰,毛筱菲.舰船操纵性能的灰关联综合评估研究[J].舰船,2005(4):5-7.

[12] 王志东,杨松林,朱仁庆.舰船操纵性能的预报衡准及优化[J].华东船舶工业学院学报,1999(6):10-12.

[13] 王志东,朱仁庆,杨松林.舰船操纵性能优化设计方法研究[J].造船技术,2001(6):10-11.

[14] 王志东,杨松林,朱仁庆.舰船操纵性能优化中隶属度函数及权重的确定方法[J].华东船舶工业学院学报,2002(2):11-14.

[15] 杨松林,朱仁庆,王志东.大型中速船舶快速性和操纵性综合优化研究[J].船舶,2003(5):18-23.

[16] 李密,刘江波,杨松林.高速单体船航行性能综合优化的遗传混沌算法[J].中国舰船研究,2008,3(1):23-27.

[17] 王奎民,宋卫国,刘峰.基于主尺度的深海采矿船多目标优化[J].船舶标准化工程师,2018,51(04):29-33.

[18] 介推.基于阻力和 EEDI 的船型主尺度要素优化研究[D].大连:大连海事大学,2016.

[19] 程红蓉,刘晓东,李百齐.极地航行船舶概念设计多目标优化方法研究[J].中国造船,2015,56(02):124-130.

[20] 于群,李广年,杜林,等.基于阻力性能的金枪鱼船船型参数优化研究[J].中国造船,2021,62(02):224-235.

[21] 夏伦喜,刘应中.等价薄船与船型改进[J].中国造船,1984(2):1-11.

[22] 叶恒奎.用帐篷函数计算兴波阻力及优化船型问题[J].中国造船,1985(1):28-39.

[23] 黄德波,牟军.关于线性兴波阻力理论计算的修正[J].哈尔滨工程大学学报,1997,18(5):8-14.

[24] 潘中庆,蔡荣泉,都绍裘,等.应用 Mathieu 函数改进船型[J].中国造船,1989(2):44-53.

[25] 张轩刚,都绍裘,蔡荣泉,等.应用双二次样条函数计算高速双体船的兴波阻力和改进船型[J].中国造船,1990(2):1-14.

[26] 石仲堃,郑建明,黄毅.船型优化方法及最小兴波阻力船型研究[J].华中理工大学学报,1991,19(5):121-128.

[27] 马坤,田中一朗.最小阻力船型优化研究[J].水动力学研究与进展,1997,12(1):113-122.

[28] 林焰,纪卓尚,李铁骊,等.在极限约束条件下的船型优化设计——最小兴波阻力船型[J].大连理工大学学报,1998,38(4):378-381.

[29] 纪卓尚,李树范,郭昌捷.船舶优化设计中的一个实用混合整数规划方法[J].大连工学院学报,1982,21(1):69-76.

[30] 林焰,纪卓尚,李铁骊,等.减阻球首优化设计方法[J].大连理工大学学报,1999,39(6):785-791.

[31] 孙文策.工程流体力学[M].大连:大连理工大学出版社,2003.

[32] 陈龙,贾复,秦士元.远洋拖网渔船船型最优化[J].中国造船,1999,4(139):1-6.

[33] 黄青.波形阻力预估及船型优化[J].华中理工大学学报,1990,18(5):69-76.

[34] 杨福,秦士元,胡毓达.干货船主要尺度的最优化计算[J].中国造船,1981(1):1-8.

[35] 都绍裘.非线性波阻及船型优化研究[J].舰船科学技术,1994(6):1-11.

[36] 李继先.在线性自由面条件下 Rankine 源兴波扰动势与 Kelvin 源势之关系[A].船舶阻力与性能学术讨论会论文集,1995.

[37] 范余明,蔡荣泉,周瑛.Dawson 方法在球首选型中的应用[A].船舶阻力与性能学术讨论会论文集,1995.

[38] 陈文战,陈伟,杨向晖,等.最小阻力的参数化船型优化研究[J].中国舰船研究,2013(2):28-33.

[39] 程红蓉,刘晓东,冯佰威.多目标优化在船型设计中的应用研究[J].中国造船,2014(1):76-82.

[40] 蒋国伟,常海超,冯佰威.基于 CAESES 的船型优化方法研究[C]// 中国造船工程学会优秀学术,2016.

[41] 李冬琴,李国焕,戴晶晶,等.基于 NFFD 算法的船体几何变形技术[J].船舶工程,2018,40(06):17-22+35.

[42] 沈通,冯佰威,刘祖源,等.基于径向基函数插值的船体曲面修改方法研究[J].中国造船,2013,54(4):45-54.

[43] 沈通.基于径向基函数插值的船体曲面变形方法及应用研究[D].武汉:武汉理工大学,2015.

[44] Cheng X D,Feng B W,Liu Z Y,et al. Hull surface modification for ship resistance performance optimization based on Delaunay triangulation[J]. Ocean Engineering,2018,153:333-344.

[45] Cheng X,Feng B,Chang H,et al. Multi-objective optimisation of ship resistance performance based on CFD[J]. Journal of marine science and technology,2019,24(1):152-165.

[46] 张宝吉.船体线型优化设计方法及最小阻力船型研究[D].大连:大连理工大学,2009.

[47] 冯佰威.基于多学科设计优化方法的船舶水动力性能综合优化研究[D].武汉:武汉理工大学,2011.

[48] 李胜忠.基于 SBD 技术的船舶水动力构型优化设计研究[D].北京:中国舰船研究院,2012.

[49] 钱建魁,毛筱菲,王孝义,等.基于 CFD 和响应面方法的最小阻力船型自动优化[J].船舶力学,2012,16(1):36-43.

[50] 常海超,冯佰威,刘祖源,等.船型优化中样本点选取方法对近似模型精度的影响研究[J].中国造船,2013,54(04):84-93.

[51] 常海超,冯佰威,刘祖源,等.近似技术在船型阻力性能优化中的应用研究[J].中国造船,2012,053(001):88-98.

[52] Chang H,Cheng X,Liu Z,et al. Sample selection method for ship resistance performance optimization based on approximated model[J]. JOURNAL OF SHIP RESEARCH. 2016,60:1-13.

[53] 黄雨佳,冯佰威,刘祖源.基于 Levenberg-Marquardt 算法的船体型线反向设计研究[J].中国造船,2014,55(01):66-75.

[54] Huang Y J,Feng B W,Hou G X,et al. Homotopy method for inverse design of the bulbous bow of a container ship[J]. China Ocean Engineering,2017,31(1):98-102.

[55] Huang Y,Hou G,Cheng X,et al. A new vortex search algorithm with gradient-based approximation for optimization of the fore part of KCS container ship[J]. Journal of Marine Science & Technology,2017,

[56] Zhang H,Liu Z,Zhan C,et al. A sensitivity analysis of a hull's local characteristic parameters on ship resistance performance[J]. Journal of Marine Science and Technology,2016,21(4):592-600.

[57] Liu Q,Feng B,Liu Z,et al. The improvement of a variance-based sensitivity analysis method and its application to a ship hull optimization model[J]. Journal of Marine Science and Technology,2017.

[58] Qiang Z,Hai-Chao C,Bai-Wei F,et al. Research on knowledge-extraction technology inoptimisation

of ship – resistance performance. Ocean Engineering,179:325 – 336.

[59] Zheng Q,Chang H C,Liu Z Y,et al. Application of dynamic space reduction method based on partial correlation analysis in hull optimization[J]. Journal of Ship Research,2020:1 – 12.

[60] Zheng Q,Feng B,Chang H,et al. Dynamic space reduction optimization framework and its application in hull form optimization[J]. Applied Ocean Research,2021,114:102812.

[61] Steven Francis Zalek. Multicriterion evolutionary optimization of ship hull forms for propulsion and seakeeping[D]. PhD dissertation,Michigan University,2007.

[62] Harries S,Abt C. Formal hydrodynamic optimization of a fast monohull on the basis of parametric hull design[A]. 5th International Conference on Fast Sea Transportation, Seattle,WA,1999.

[63] Day A H,Doctors L J. Rapid estimation of near and far-field wave wake from ships and applications to hull form design optimization[J]. Journal of Ship Research,2001,45(1):73 – 84.

[64] Markov N E,Suzuki K. Hull form optimization by shift and deformation of sections[J]. Journal of Ship Research,2001,45(3):197 – 204.

[65] Ragab S A. An adjoint formulation for shape optimization in free-surface potential flow[J]. Journal of Ship Research,2001,45(4):269 – 278.

[66] Yang C,Noblesse F,et al. practical hydrodynamic optimization of a trimaran[J]. SNAME Transactions, 2001,109:185 – 196.

[67] Dejhalla R,Mrsa Z. a genetic algorithm approach to the problem of minimum ship wave resistance[J]. Marine Technology,2002,39(3):187 – 195.

[68] Chen P,Huang C. An inverse hull design approach in minimizing the ship wave[J]. Ocean Engineering, 2004,31:1683 – 1712.

[69] Saha G,Suzuki K. Hydrodynamic optimization of ship hull forms in shallow water[J]. Journal of Marine Science and Technology,2004,9:51 – 62.

[70] Saha G,Suzuki K,Kai H. Hydrodynamic optimization of a catamaran hull with large bow and stern bulbs installed onto center plane of the catamaran [J]. Journal of Marine Science and Technology, 2005, 10:32 – 40.

[71] Tahara Y,Stern F,Himeno Y. Computational fluid dynamics-based optimization of a surface combatant [J]. Journal of Ship Research,2004,48(4):273 – 287.

[72] Valorani M,Peri D,Campana E F. Efficient strategies to design optimal ship hulls[A]. 8th AIAA/USAF/ NASA/ISSMO Symposium on Multidisciplinary Analysis and Optimization,Long Beach,CA,2000.

[73] Danõgman D B. An optimization study for the bow form of high speed displacement catamarans[J]. Marine Technology,2001,38(2):116 – 121.

[74] Percival S,Hendrix D. hydrodynamic optimization of ship hull forms[J]. Applied Ocean Research,2001, 23:337 – 355.

[75] Peri D,Rossetti M,Campana E F. Design optimization of ship Hulls via CFD techniques[J]. Journal of Ship Research,2001,45(2):141 – 149.

[76] Duvigneau R,Deng G B. On the role played by turbulence closures in hull shape optimization at model and full scale[J]. Journal of Marine Science and Technology,2003,8:11 – 25.

[77] Duvigneau R,Visonneau M. Hydrodynamic design using a derivative-free method [J]. Structural and Multidisciplinary Optimization,2004,28:195 – 205.

[78] Suzuki K,Hisashi K,Kashiwabara S. Studies on the optimization of stern hull form based on a potential

flow solver[J]. Journal of Marine Science and Technology,2005,10:61 – 69.
[79] Kim H,Yang C. A new surface modification approach for CFD – based hull form Optimization[J]. Journal of Hydrodynamics Ser B,2010,22(5 – supp – S1):520 – 525.
[80] Moonesun M,Korol Y M,Brazhko A. CFD analysis on the equations of submarine stern shape[J]. Journal of Taiwan Society of Naval Architects and Marine Engineers,2015,34(1):21 – 32.
[81] Lee K Y,Roh M I. A Hybrid optimization methods for multidisciplinary ship design[J]. Ship Technology Research,2000,47(4):181 – 185.
[82] Neu W L,Mason W H,Ni S,et al. A multidisciplinary design optimization scheme for containerships[A]. 8th AIAA/USAF/NASA/ISSMO Symposium on Multidisciplinary Analysis and Optimization,Long Beach, CA,2000.
[83] Jiang C,Forstell B. Ship hull and machinery optimization using physics-based design software[J]. Marine Technology,2002,39(2):109 – 117.
[84] Sherali H D,Ganesan V. A pseudo-global optimization approach with application to the design of containerships[J]. Journal of Global Optimization,2003,26:335 – 360.
[85] Harries S,Valdenazzi F,Abt C,et al. Investigation on optimization strategies for the hydrodynamic design of fast ferries[A]. 6th International Conference on Fast Sea Transportation,Southhampton,UK,2001.
[86] Brown A J,Solcedo J. Multiple-objective optimization in naval ship design[J]. Naval Engineers Journal, 2003,115(4):49 – 61.
[87] Peri D,Campana E F. Multidisciplinary design optimzation of a naval combatant[J]. Journal of Ship Research,2003,47(1):1 – 12.
[88] Grigoropoulos G. Hull form optimization for hydrodynamic performance[J]. Marine Technology,2004,41(4):167 – 182.
[89] Peri D,Campana E F,Dattola R. Multidisciplinary design optimization of a naval frigate[A]. 10th AIAA/ISSMO Symposium on Multidisciplinary Analysis and Optimization,Albany,NY,2004
[90] Peri D,Campana E F. High-fidelity models and multiobjective global optimization algorithms in simulation-based design[J]. Journal of Ship Research,2005,49(3):159 – 175.
[91] Boulougouris E K,Papanikolaou A D. Hull form optimization of a high speed wave piercing monohull[A]. Proceedings of the 9th International Marine Design Conference, Ann Arbor,MI,2006:559 – 581.
[92] Zha L,Zhu R,Hong L,et al. Hull form optimization for reduced calm – water resistance and improved vertical motion performance in irregular head waves. Ocean Engineering,2021,233:109 – 208.
[93] Gammon M A. Optimization of fishing vessels using a Multi – Objective Genetic Algorithm[J]. Ocean Engineering,2011,38(10):1054 – 1064.
[94] Yang Z,Pang Y,Wang J,et al. Application of a response surface model in multi – objective Optimization for submersible shapes [J]. Journal of Harbin Engineering University,2011(04):407 – 410.
[95] Diez M,Serani A,Campana E F,et al. Multi – objective hydrodynamic optimization of the DTMB 5415 for resistance and seakeeping[C]. International Conference on FAST Sea Transportation,2015.
[96] Yusuke Tahara,Satoshi Tohyama. CFD-based multi-objective optimization method for ship design[J]. International Journal for Numerical Methods in Fluids Int. J. Numer. Meth. Fluids,2006,52:499 – 527.

第 3 章 船型参数化建模技术

船体型线的 MDO 旨在通过优化船体性能获得较优的船体型线,是实现利用 CFD 驱动 CAD 的过程,为此,首先必须建立船型的参数化几何模型。本章首先介绍船型参数化建模技术的发展,阐述船体曲面变形模块(含船型融合变形子模块和基于 RBF 插值的船体曲面变形子模块)及模型生成器模块的理论基础及程序实现方法。船体曲面变形模块为后期的阻力及耐波性能的计算提供了统一的几何模型,保证了数据的准确性及唯一性;而模型生成器模块则实现了曲面变形模块与性能分析程序数据传递的无缝连接,为船型多学科设计优化打下了技术基础。

3.1 概述

3.1.1 参数化建模的基本思想

参数化建模又称参数驱动,即建立图形约束和几何关系与尺寸参数的对应关系,由尺寸参数值的变化直接控制实体模型的变化。在产品设计过程中,首先确定产品的大致构型,然后才能获得确定的几何参数。设计目的就是为了科学而合理地确定所有几何参数,以构造出完整的产品结构。产品结构是由众多尺寸参数来描述的,这些参数之间存在着一定的联系和规律。

3.1.2 参数化驱动的数学模型

一般意义上,参数化驱动是一种使用参数快速构造和修改三维几何模型的数值方法,它将所有的设计要素如尺寸、约束条件、工程计算条件等都视为设计参数。对于一个三维模型,参数十分复杂,而且数量很大,而实际由设计者控制的,即能够独立变化的参数一般只有一小部分,称为独立参数;其他参数由确定的显式或隐式关系与独立参数产生关联,可以通过固定的函数或相关参数联动表达出来,称为相关参数。一旦独立参数的数值确定,则相关参数依据相应的函数关系式确定其数值。

产品上的特征其实都是各自独立的信息孤岛,它们主要通过参数几何约束相互关联。参数间的关联可以是模型内部尺寸或设计者自行定义的各种外部参数间的关系。设计者可以通过修改驱动尺寸来修改模型,由系统自动求解其他尺寸的值。其特点是模型被修改时可以自动保证设计者的设计意图不变和易于修改。参数化驱动方法具有简单、方便、易开发和易使用的特点。

参数化驱动关键是建立一套描述独立参数和相关参数之间的约束方程组,然后根据一组新的独立参数求解新的相关参数,一般相关参数和独立参数的约束方程组可以表示为

$$\begin{cases} f_1(x_1,x_2,\cdots,x_n,d_1) = 0 \\ f_2(x_1,x_2,\cdots,x_n,d_2) = 0 \\ \vdots \\ f_n(x_1,x_2,\cdots,x_n,d_n) = 0 \end{cases} \quad (3-1)$$

或向量表示为

$$F(\boldsymbol{X},\boldsymbol{D}) = 0 \quad (3-2)$$

式中:$\boldsymbol{X}$ 为产品独立参数向量,$\boldsymbol{X} = (x_1,x_2,\cdots,x_n)^T$;

$\boldsymbol{D}$ 为产品相关参数向量,$\boldsymbol{D} = (d_1,d_2,\cdots,d_n)^T$。

上述关系也可以转化为独立参数来表达相关参数。此时,约束方程组简化为

$$\begin{cases} d_1 = f'_1(x_1,x_2,\cdots,x_n) \\ d_2 = f'_2(x_1,x_2,\cdots,x_n) \\ \vdots \\ d_n = f'_n(x_1,x_2,\cdots,x_n) \end{cases} \quad (3-3)$$

这样就实现了仅用独立参数来驱动产品的几何修改。

3.1.3 参数化建模的方法

参数化建模的方法主要包括基于分析方法、半分析的方法、离散方法和基于CAD 的描述方法[1]。

基于分析方法的参数化是将一组设计变量转换成一组面,这些面就可以用来分析和计算目标函数。这种方法很简单而且只需要少量的设计变量,可以产生很平滑的几何外形,但它只能采用有限的形式,难以处理任意外形,也难以建立学科之间的耦合模型。

基于半分析方法的参数化是用一组点描述初始外形,并用多项式来建立外形微小变化的模型,多项式系数可作为一组设计变量。这种方法只需少量的设计变量,并对依赖于基准几何的外形进行平滑,但它也只能处理简单的几何外形。

基于离散方法的参数化就是对几何外形进行离散描述,用基准设计构造网

格,各网格点的位置就成为优化的设计变量。这种方法易于实施,几何外形改变不需要限制形式;但设计变量一般很多,以致难以优化,难以保持外形平滑,而且计算成本很高。

用 CAD 描述外形是基于非均匀有理 B 样条(NonUniform Rational B-Splines,NURBS)描述外形,取曲面的控制顶点坐标为优化的变量。这种方法所用的设计变量也相当多,计算成本也很高,但可保证外形的连续和光滑,而且局部外形的改变不会影响其他部位的形状。现有的 CAD 模型可作为基准模型,但难以建立学科之间的耦合模型。

表 3-1 从船型优化的角度对 4 种参数化方法进行比较。

表 3-1 不同参数化方法的比较

项 目	分析方法	半分析方法	离散方法	NURBS 方法
优化设计变量	少	少	多	多
船体外形复杂程度	低	低	中	高
学科耦合	难	难	直接	难
船型光顺	容易	容易	难	容易
船体形状限制	很受限	受限	不受限	不受限
船体局部控制	不能	某些能	较好	很好
性能分析难易程度	简单	简单	难	很难

3.2 船体型线建模方法

在传统的设计过程中,大都是参照母型船的型线,根据新船的具体要求,用适当的方法加以修改而成,该方法是行之有效的,但随之而来的工作量也非常大。长期以来,造船工作者一直在探索如何利用数学方法一步到位地设计出光顺的船体型线,以省略放样光顺的人工过程,提高生产效率。很多学者都已经做了不少这方面的研究,成绩是颇为显著的。

远在 18 世纪,有些船舶设计人员就试图用简单的分析函数来表达船体型线,但由于当时的计算技术还不够发达,没有达到预期的效果。1876 年,瑞典的造船工程师查普曼(Chapman)提出了船舶的横剖面和水线面都用抛物线表示的建议;1915 年,D. W. Taylor 用五阶多项式表达横剖面面积曲线和水线,用四阶抛物线表达瘦削横剖线,用双曲线表示丰满横剖线,成功地表达了当时的军舰船体型线;随后,E. W. Benson 用五阶多项式表达水线,把水线表达式中的系数按垂向光滑变化,形成吃水函数法。从当时的水平来看,该法至多达到"形似"而做不到"表示",并一度认为船体曲面无法用数学函数表达,那时数学船型主要局限于理论研究方面,仅为研究船舶水动力性能所用。随着计算机的广泛深入应用,用数学表达船型也有了很大的进展,1960 年,美国麻省理工学院 J. E. Kerwin 用高阶多项式函数表达了油船、军舰、渔船、帆船的船体曲面。

上述函数法存在明显的缺点,即需要先确定一些未确定的因素,如水线面面积曲线、平边线、平底线等。人们不断地进行船体外形曲面的数学表示方法的研究,20 世纪 80 年代,Bezier 曲线和 B 样条得到发展,交互设计成为一股热潮;20 世纪 80 年代中期之后,Coons 曲面、B 样条曲面、有理样条及 NURBS 在船体曲面设计中逐渐获得应用。如周超骏用 Bezier 和 B 样条曲面设计船体曲面;荣焕宗等用非均匀 B 样条表达和设计船体曲面;J. S. Kouh 等用有理三次样条表达船体曲面等。基于 B 样条理论,国内外的相关研究机构研发了各类船舶设计软件,比较著名的船舶设计建造软件有:美国 Proteus Engineering 公司 FASTSHIP 软件,芬兰 NAPA OY 公司的 NAPA 系统,瑞典 KCS 公司 TRIBON 系统等。我国的多家造船机构引进了上述软件产品,造船效率得到了明显的提高[2]。

以上船体型线建模方法,可分为两大类,如图 3-1 所示。一类为传统的建模方法,主要包括基于线框的建模方法及基于曲面的建模方法。基于线框的建模方法的主要特点是通过母型船变换或船型系数生成型值表,从型值表中读取型值,选用三维空间样条,生成一组样条,分别向不同平面投影,即可显示不同的型线。型线的修改则主要采用交互式设计,直接修改船体横剖线、水线,同时进行三向光顺。基于曲面的建模方法则是采用非均匀有理 B 样条表达曲面,其主要特点是通过船型系数直接生成船体曲面,或者通过母型船变换、系列船型等生

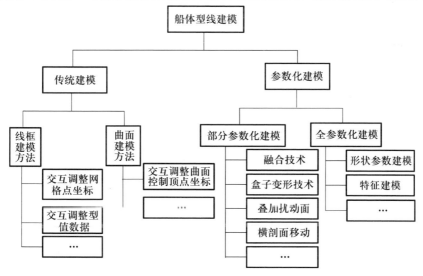

图 3-1 船体型线建模方法分类

成型值表后,再生成船体曲面。型线的修改主要通过人机交互的方式反复调整曲面网格的控制顶点,直至曲面光顺[3]。若将这种传统建模方法应用于船型自动优化过程中,优化变量必然是网格点坐标或曲面的控制顶点坐标的一部分或全部,这将导致优化变量的数目异常庞大,以致难以进行优化。同时又由于这些曲面坐标之间的联系是孤立的,优化过程中又无法控制其方向,最终优化的型线将可能是不切实际的。另一类船体型线建模方法为参数化建模,主要包括部分参数化建模方法及全参数化建模方法,下面对这两种方法分别进行介绍。

3.2.1 部分参数化建模方法

以前,船舶设计人员在用手工方法设计型线及绘制型线图时,为了达到预定的主尺度和船型系数,并保证船体曲面的三向光顺性和投影的准确性,往往需要反复修改校核,工作量大,设计周期长。近年来,由于现代造船技术的发展,设计人员迫切希望能够利用计算机迅速而准确地产生光顺的船体型线,以便后续工作的开展,因此发展了利用计算机进行母型船改造的方法,也称为部分参数化建模方法。综观国内外的部分参数化建模方法主要有下面 3 类,即融合技术、叠加扰动面法和移动横剖面法。这些部分参数化建模的共同特点就是以母型船为基础,采用各种技术对其外形进行变换,使之生成各种不同的船型。

1. 融合技术

融合技术最早起源于动画领域,主要用于表示物种的进化过程。首先给定物种的初始形状及最终的进化形状,通过融合技术即可生成一系列中间过渡的形状,如图 3 - 2 所示。

其原理为

$$\begin{cases} x_i^k = \sum_{j=1}^{N} w_j x_i^j \\ \sum_{j=1}^{N} w_j = 1 \end{cases} \quad (3-4)$$

式中:w 为融合系数;x 为顶点坐标。

在船舶领域,L. J. Doctors 在 1995 年首次将该方法应用到船型变换中,该方法首先建立一系列的母型库,然后为每一母型分配一个融合系数,同时对库中船型进行融合操作,这种操作既可以是线性外插也可以是线性内插。通过这样的融合操作,就可以得到全新的船型。但是 L. J. Doctors 也指出,该方法无法预测生成船型的质量,但可以将该方法应用于船型优化中,通过优化器可以自动寻找到符合要求的最佳船型方案。在此之后,也有一些学者将该方法应用于船型变换之中[4]。

图 3-2 物种的融合过程

美国弗吉尼亚工学院 W. L. Neu[5]成功应用该方法完成了船舶概念设计阶段 MDO 原型系统的开发,韩国首尔大学 Y. S. Yang[6]也将该方法应用到船舶的初始设计阶段,提出了主尺度及型线并行设计的设计模式,把 MDO 的研究向前推进了一步。

2004 年日本 Y. Tahara 通过对 NAPA 软件的二次开发,首次将该方法应用于船型优化中,在优化开始前建立两条尾部型线差别较大的母型船,两条船的融合系数分别为 0 和 1,见图 3-3 及图 3-4。以此模型库为基础,利用融合方法成功完成了某油船的型线优化[7]。

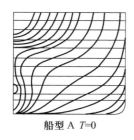
船型 A T=0

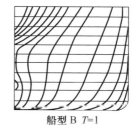
船型 B T=1

图 3-3　尾部 V 形横剖线　　图 3-4　尾部 U 形横剖线

2. 叠加扰动面法

为了进行船舶水动力性能 MDO 的需要,意大利罗马水池的 Peri. D[8]等开发了扰动面法,又称为曲面片方法。该方法将一个贝塞尔多项式曲面叠加在原始船体曲面上,通过调整贝塞尔多项式曲面的控制顶点,实现对原始船型的扰动,达到修改船型的目的。

船体的几何外形可以利用三个不同的贝塞尔面片在所有的方向上进行修改,每个面片各自对应一个坐标方向。在图 3-5 中,三个面片在物理空间(右手坐标系)和各自的计算区域进行了表达,面片由 $N \times M$ 个节点(图 3-5 中的黑点)控制,即

$$\xi_n(u,v) = \sum_{i=0}^{N_x-1} \sum_{j=0}^{M_x-1} J_{N_x,i}(u) K_{M_x,j}(v) \xi_{i,j} \qquad (3-5)$$

式中:ξ_n 为扰动曲面的值;u,v 为无因次变量;$\xi_{i,j}$ 为在控制网格中 (i,j) 点的高度,且有

$$\begin{cases} J_{N_x,i} = \binom{N_x-1}{i}(1-u)^{N_x-1-i}u^i \\ K_{M_x,j} = \binom{M_x-1}{j}(1-v)^{M_x-1-j}v^j \end{cases} \qquad (3-6)$$

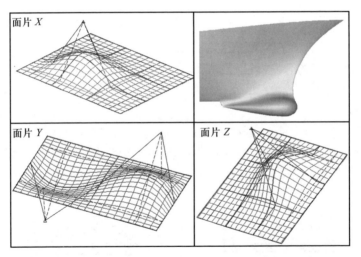

图 3-5 利用三个 Bezier 面片来改变艏部形状

修改控制点的高度 $\xi_{i,j}$、$\eta_{i,j}$ 和 $\zeta_{i,j}$,扰动曲面发生变化,通过叠加法可以简单地获得一个不同的船体形状。由一个线性映射,计算网格在物理空间每个节点矢量可以映射到 u,v 空间上的一个点,相应的扰动矢量 $\boldsymbol{\beta}_B = (\xi_B, \eta_B, \zeta_B)$ 可以很容易地计算出来,并且添加到原来的网格点 X_0 的矢量上,获得扰动后的位置 X_{mod},即

$$X_{\mathrm{mod}} = X_0 + \boldsymbol{\beta}_B \qquad (3-7)$$

为了获得新的形状,这个过程要对网格上所有的矢量重复进行。

3. 移动横剖面法

在型线的设计过程中,当设计船与母型船的棱形系数、浮心纵向位置和平行中体长度不同时,通常改造母型船的横剖面面积曲线,使之成为能符合设计船要求的横剖面面积曲线。利用计算机进行这一改造工作,常用的方法是根据描述面积曲线的变化,求得各剖面位置的纵向移动量 X。改造的方法主要包括"$1-C_p$"法及莱肯贝(Lackenby.H)法[9]。

"$1-C_p$"法把船体分成前后两个半体,推导出前后体的棱形系数变化量与各剖面纵向移动量之间的函数关系式,而棱形系数变化量则可根据设计船棱形系数及浮心纵向位置求得,最终可求得设计船各剖面的移动量。利用此方法改造的面积曲线,只需输入棱形系数及浮心纵向位置两个形状参数,就能设计出满足要求的型线。但由于该方法是分别对前后体建立线性方程,因此它的缺点是不能独立地变化前、后平行中体的长度。

为了克服"$1-C_p$"的缺点,莱肯贝于1950年提出了另一著名的方法,即用二次多项式来计算各剖面的移动量。该方法可以同时满足设计船的棱形系数及浮心纵向位置、前、后平行中体的变化要求,图3-6为莱肯贝法的基本原理。

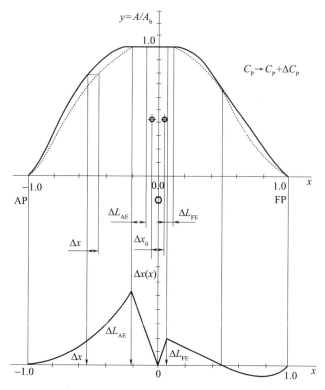

图3-6 母型船及设计船(虚线)无因次的横剖面面积曲线及对应的多项式函数

在莱肯贝方法中使用了4个独立的形状参数,即棱形系数的变化量、浮心位置的变化量、首部平行中体的变化量、尾部平行中体的变化量。莱肯贝推导出了这4个独立形状参数与二次多项式之间的关系,从而建立了设计船与母型船的关联。但该方法也存在一定问题,它不能对各形状参数的变化量进行有效控制,需要设计人员凭经验在小范围内调试。

德国柏林理工大学的S.Harries首次将该方法应用于船舶阻力性能的优化中。在其所开发的集成优化平台中,船型的参数变化采用莱肯贝法实现,水动力计算采用Shipflow软件,优化算法采用序列二次规划法。为验证平台的可行性,以Wigley船型及系列60船型为例进行了优化工作[10]。优化结果表明:尽管莱肯贝法使用了4个形状参数实现了船型的全局变化,但是该方法对于控制船型的局部变化尚存在缺陷。另外,由于该方法同时修改前、后体的形状,对于显著提高船型水动力性能来说,显得很不灵活。最后,由于优化过程很难控制4个形状参数的上下限,导致部分船型不切合实际。

3.2.2 完全参数化建模方法

进行船型多学科设计优化研究,需要用一种灵活有效的办法来描述和修改船体的几何形状:定义船体形状的数字模型应当是灵活的,允许大量可能的几何外形存在,能够以较少的设计变量控制不同的船型生成,且生成的船型要保证曲面光顺性。尽管部分参数化建模方法可以生成一系列的光顺型线,但在船型局部细节的变化上却有很大的局限性,最终导致船舶水动力性能的提高受到一定的限制,因此很有必要发展一种全参数化的船型建模方法,以适应船型快速设计及水动力性能多学科设计优化的需要。

国内外已经有多种船型的完全参数化表达方法。用数学方程进行船型生成,可分为曲线方法和曲面方法。

曲线方法是由一组按一定规律变化的平行的平面曲线构成船体曲面,同时由曲线方程表示平面曲线(如横剖线、水线等),所采用的函数通常有多项式、三角函数、B样条函数等。根据构成船体曲面的平面曲线的变化方向,又可细分为纵向函数法和吃水函数法。与以往的传统船型设计方法接近,纵向函数法首先根据船舶长度、宽度、吃水、方形系数、水线面面积系数、舯剖面系数、浮心纵向位置等参数用数学方程式形成横剖面面积曲线、设计水线、纵中剖面轮廓线、龙骨半宽线,再用数学方法生成多项式形式的横剖面曲线,从而构成船体曲面。纵向函数法对排水量、浮心纵向位置、方形系数、棱形系数等主要参数都能精确达到设计要求,但纵向函数法用多项式表达横剖面曲线时,对有双拐点的横剖面曲线的表达尚有困难。吃水函数法是用数学方法生成用多项式或非代数方程表达的各水线,进而构成船体曲面。由于以前的计算技术不够发达,致使在数学船型设计中,数学表达的船体型线与实际的船型差距很大,没有实现预期的目标。把船型和船型参数联系起来,恰当地选择主尺度和船型参数就能生成完整、光顺的船型曲面,是造船工作者梦寐以求的目标[13]。

随着 B 样条函数的出现和发展,船型可以用孔斯曲面、B 样条曲面及 NURBS 来表达,即曲面法。曲面法的出现为基于形状参数的船型完全参数化打下了技术基础,但是这种完全参数化方法还处于发展之中,目前只有德国柏林理工大学 S. Harries 团队在从事此方面的研究,已经成功开发了相关的参数化建模软件 CAESES,并应用于船舶的水动力性能优化中[10-14]。下面对 CAESES 软件的建模思想作简单介绍。

该软件的建模以形状参数为基础,整个建模过程被细分为三个连续的步骤,如图 3-7 所示。

图 3-7 参数化船型生成的步骤

船体曲面外形以形状参数的方式来定义,通过这些参数首先设计一组纵向特征曲线,进而生成一系列光顺的横剖面曲线,最后利用蒙面法生成船体曲面,如图 3-8 所示。无论是纵向特征曲线的设计,还是横剖面曲线的建模,参数化设计的实质都是通过应变能最小原理生成满足诸如面积、形心、曲线的起点或终点的坐标、斜率、曲率等特定几何特征参数的、光顺的曲线[2]。

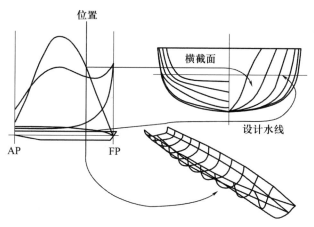

图 3-8 船型参数化建模过程

3.2.3 不同建模方法的比较

以上所述的建模方法有各自的优缺点,图 3-9 从处理复杂船型的能力及生成船型的质量两个方面对不同建模方法作了比较。

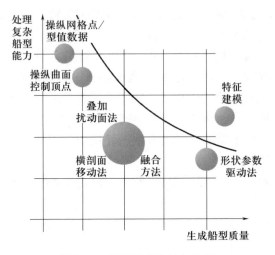

图 3-9　不同建模方法的比较

由图 3-9 可以看到,在处理各种复杂船型的能力方面,传统建模方法中的线框建模方法及曲面建模方法具有很大的优势,因为这两种方法均是通过手工方式直接操纵船型的网格点或曲面控制顶点;但在生成船型的质量方面是最差的,因为型线越复杂,光顺的难度就越大,其质量就越难以保证。而基于形状参数的完全参数化建模方法及特征建模方法生成的船型质量是最好的,但在处理复杂船型的能力方面尚显不足。部分参数化建模方法则处于两者之间[15]。

3.3　船体曲面变形模块研发

船体曲面变形模块包含两个子模块,即船型融合变形模块及基于 RBF 插值的船体曲面变形模块。本书在船体曲面 NURBS 表达的基础上,开发了上述模块,实现了新船型的生成。此外,为实现三维船型与性能计算程序之间的数据自动提取,开发了模型生成器模块。下面简述各模块开发的理论基础[16]。

3.3.1　理论基础

1. NURBS 曲线的定义

对于给定 $n+1$ 个控制顶点 $d_i(i=0,1,\cdots,n)$ 且节点矢量为 $\boldsymbol{u}=[u_0,u_1,\cdots,u_{n+k+1}]$ 的 k 次 NURBS 曲线可表示为

$$p(\boldsymbol{u}) = \frac{\sum_{i=0}^{n} w_i d_i N_{i,k}(\boldsymbol{u})}{\sum_{i=0}^{n} w_i N_{i,k}(\boldsymbol{u})} \tag{3-8}$$

式中:w_i 为权重因子($i = 0,1,\cdots,n$),分别与控制顶点 d_i($i = 0,1,\cdots,n$) 相联系;$N_{i,k}(\boldsymbol{u})$ 为 B 样条基函数,下标 i 表示 B 样条的序号,下标 k 表示 B 样条的幂次(等于阶数 -1),其递推定义如下:

$$\begin{cases} N_{i,0}(\boldsymbol{u}) = \begin{cases} 1 & (u_i \leqslant u \leqslant u_{i+1}) \\ 0 & (\text{其他}) \end{cases} \\ N_{i,k}(\boldsymbol{u}) = \dfrac{\boldsymbol{u} - u_i}{u_{i+k} - u_i} N_{i,k-1}(\boldsymbol{u}) + \dfrac{u_{i+k+1} - \boldsymbol{u}}{u_{i+k+1} - u_{i+1}} N_{i+1,k-1}(\boldsymbol{u}) \\ \text{规定} \dfrac{0}{0} = 0 \end{cases} \quad (3-9)$$

2. NURBS 曲面实体

与 NURBS 曲线类似,NURBS 曲面可相应写成两个参数 $\boldsymbol{u},\boldsymbol{v}$ 方向上的形式,即

$$p(\boldsymbol{u},\boldsymbol{v}) = \frac{\sum_{i=0}^{m}\sum_{j=0}^{n} w_{i,j} d_{i,j} N_{i,k}(\boldsymbol{u}) N_{j,l}(\boldsymbol{v})}{\sum_{i=0}^{m}\sum_{j=0}^{n} w_{i,j} N_{i,k}(\boldsymbol{u}) N_{j,l}(\boldsymbol{v})} \quad (3-10)$$

式中:$d_{i,j}$($i = 0,1,\cdots,m;j = 0,1,\cdots,n$) 为呈拓扑矩形阵列的控制顶点,形成一个控制网格;$w_{i,j}$ 为相应控制点 $d_{i,j}$ 的权因子,规定四角点处用正权因子,即 $w_{0,0}$,$w_{m,0},w_{0,n},w_{m,n} > 0$,其余 $w_{i,j} \geqslant 0$;$N_{i,k}(\boldsymbol{u})$($i = 0,1,\cdots,m$) 和 $N_{j,l}(\boldsymbol{v})$,($j = 0,1,\cdots,n$) 分别为 $\boldsymbol{u}$ 向 k 次和 $\boldsymbol{v}$ 向 l 次的规范 B 样条基函数。它们分别有 $\boldsymbol{u}$ 向和 $\boldsymbol{v}$ 向的节点矢量 $\boldsymbol{u} = [u_0,u_1,\cdots,u_{m+k+1}]$ 与 $\boldsymbol{v} = [v_0,v_1,\cdots,v_{n+l+1}]$,由 deBoor 递推公式决定。

3.3.2 船型融合变形方法

基于 NURBS 的船型融合变形方法的数学描述可用图 3-10 至图 3-12 表示。图 3-10 是顶部平直曲线的 NURBS 表示,图 3-11 是一条抛物线 NURBS 表示。在两图中 x 与 y 坐标的最大值均相同。

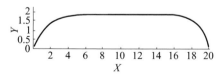

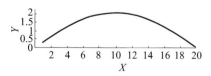

图 3-10 顶部平直曲线的 NURBS 表示   图 3-11 抛物线 NURBS 表示

利用融合公式:$H = C_1 \times H_1 + C_2 \times H_2$,$C_1 + C_2 = 1$,其中 H_1、H_2 分别为图 3-10 和图 3-11 曲线的 NURBS 控制顶点坐标。C_1、C_2 为融合系数,其范围为 $[0,1]$,两者之和为 1。调节 C_1、C_2 的值,则可以得到介于图 3-10 和图 3-11 曲线

之间的不同形状的曲线,如图 3-12 所示。

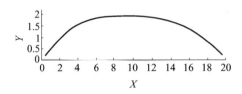

图 3-12 融合后的曲线形状

将上述数学方法应用于船型变化中,融合的过程实际上就是以现有的多条母型船为基础,通过融合系数(权重因子)的调节,产生一系列光顺的船型[5]。而这一融合的过程则是直接操纵母型船的 NURBS 控制顶点,再由合成后的控制顶点产生船体曲面的网格,进而生成船体曲面。在融合过程中一定要保证融合系数(权重因子)的总和为1,其融合公式如下:

$$P = \sum_{i=1}^{n} C_i \times P_i \qquad (3-11)$$

式中:n 为母型船的数量;P 为新船的控制顶点坐标;P_i 为母型船的控制顶点坐标;C_i 为融合系数,在融合过程中保持 $\sum_{i=1}^{n} C_i = 1$,以及 $0 \leq C_i \leq 1$。

从上面的融合过程可以看到,因融合系数的和为1,因此无论怎样调节 C_i 的值,融合后生成的船型则总是在以母型船为边界的船型空间内,如图 3-13 所示。

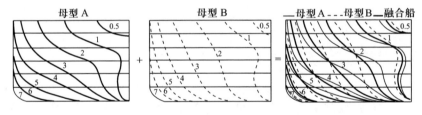

图 3-13 母型船的融合过程

另外,如果在优化过程中主尺度也作为变量,那么还需将原主尺度下融合生成的控制顶点坐标按照比例缩放到当前的主尺度下的顶点坐标。以船长 X 方向的缩放为例,得到新船控制顶点 X 坐标的过程可表示为

$$X_{\text{new}} = \frac{X_{\text{blending}} \times L_{\text{basisship}}}{L_{\text{variable}}} \qquad (3-12)$$

式中:X_{new} 为新船的控制顶点 X 坐标;X_{blending} 为融合船的控制顶点 X 坐标;$L_{\text{basisship}}$ 为母型船的船长;L_{variable} 为通过优化器得到的船长。

船宽 Y 方向和型深 Z 方向的缩放与此类似。

3.3.3 基于 RBF 插值的船体曲面变形方法

径向基函数是一种沿径向对称的标量函数,以空间中任一点 x_i 到某一中心 x 之间的欧氏距离 $\|x-x_i\|$ 为自变量。各基函数的具体形式为

$$\phi(\|x-x_i\|) \quad i=1,2,\cdots,n \tag{3-13}$$

多变量插值问题最基本的表述为[17]:给定一组离散数据的集合 $\{x_i,f_i\}$,$i=1,2,\cdots,n$,使其满足插值条件:

$$S(x_i)=f_i \quad i=1,2,\cdots,n \tag{3-14}$$

该问题可以用以下形式的径向基函数插值方程来解决[18]。

$$S(x) = \sum_{i=1}^{n} \lambda_i \phi(\|x-x_i\|) \tag{3-15}$$

式中:函数 $\phi(\|x-x_i\|)$ 为径向基函数;λ_i 为权重系数;x_i 为已知的样本数据。根据式(3-14)、式(3-15),将已知样本点代入式中,可以得到如下关于权重系数 λ_i 的线性方程组:

$$\begin{bmatrix} \phi_{11} & \cdots & \phi_{1i} & \cdots & \phi_{1n} \\ \vdots & & \vdots & & \vdots \\ \phi_{i1} & \cdots & \phi_{ii} & \cdots & \phi_{in} \\ \vdots & & \vdots & & \vdots \\ \phi_{n1} & \cdots & \phi_{ni} & \cdots & \phi_{nn} \end{bmatrix} \begin{bmatrix} \lambda_1 \\ \vdots \\ \lambda_i \\ \vdots \\ \lambda_n \end{bmatrix} = \begin{bmatrix} f_1 \\ \vdots \\ f_i \\ \vdots \\ f_n \end{bmatrix} \tag{3-16}$$

式中:$\phi_{ij}=\phi(\|x_i-x_j\|)$,$i,j=1,2,\cdots,n$。

记 $\boldsymbol{F}=[f_1,f_2,\cdots,f_n]^{\mathrm{T}}$,$\boldsymbol{\lambda}=[\lambda_1,\lambda_2,\cdots,\lambda_n]^{\mathrm{T}}$,$\boldsymbol{A}=\begin{bmatrix} \phi_{11} & \cdots & \phi_{1i} & \cdots & \phi_{1n} \\ \vdots & & \vdots & & \vdots \\ \phi_{i1} & \cdots & \phi_{ii} & \cdots & \phi_{in} \\ \vdots & & \vdots & & \vdots \\ \phi_{n1} & \cdots & \phi_{ni} & \cdots & \phi_{nn} \end{bmatrix}$

则上述方程可简记为

$$\boldsymbol{A\lambda}=\boldsymbol{F} \tag{3-17}$$

如果 $\boldsymbol{A}$ 是非奇异的,那么式(3-17)可写成:

$$\boldsymbol{\lambda}=\boldsymbol{A}^{-1}\boldsymbol{F} \tag{3-18}$$

上述插值问题对于任意数据点集 $\{x_i,f_i\} \in R^d \otimes R(i=1,2,\cdots,n)$,当 $x_i(i=1,\cdots,n)$ 互不相同时有唯一解的充分必要条件是:对任何两两不同的 $\{x_i\}$,对称矩阵 $\boldsymbol{A}$ 是正定的。

当该插值方法用于船体曲面变形时,使用以下形式的插值方程:

$$S(X) = \sum_{i=1}^{n} \lambda_i \phi(\|X-X_i\|) + p(X) \tag{3-19}$$

可以证明式(3-19)是一个插值方程[19]。式中：$S(X)$为船体曲面上某一控制点$X=(x,y,z)$移动的距离；n为控制点的数量；$\|X-X_i\|$为两点间的欧氏距离；ϕ为选择的基函数；$p(X)$是低阶多项式，其形式为

$$p(X) = c_1 x + c_2 y + c_3 z + c_4 \qquad (3-20)$$

由式(3-19)可以看出插值方程包括两个部分：第一部分由n个基函数线性叠加而成，表征了原始点集和变形目标点集之间本质上的形状差异；第二部分是一个线性多项式，它用来保证曲面的连续性，并对应两个点集间的仿射变换，包括旋转和平移[20]，具体表示如下[21]：

$$\begin{bmatrix} x' \\ y' \\ z' \end{bmatrix} = \begin{bmatrix} c_{1x} & c_{2x} & c_{3x} \\ c_{1y} & c_{2y} & c_{3y} \\ c_{1z} & c_{2z} & c_{3z} \end{bmatrix} \cdot \begin{bmatrix} x \\ y \\ z \end{bmatrix} + \begin{bmatrix} c_{4x} \\ c_{4y} \\ c_{4z} \end{bmatrix} = \boldsymbol{A} \cdot \begin{bmatrix} x \\ y \\ z \end{bmatrix} + \boldsymbol{T} \qquad (3-21)$$

在几何变换中，$\boldsymbol{A}$表示旋转、比例缩放和剪切变换的复合变换，$\boldsymbol{T}$为平移变量。该形式的插值方程精确地描述了原始点集到变形目标点集的变形。

方程中的系数λ_i、c_i由控制点坐标的变化得到：

$$S(X_i) = f_i \quad (i=1,\cdots,n) \qquad (3-22)$$

式中：f_i为控制点的坐标变化量。将n个控制点移动前后的坐标变化量代入式(3-22)。加入多项式$p(x)$后，为保证方程有解，还要联立权重系数所满足的正交约束条件[22]：

$$\sum_{k=1}^{n} \lambda_k \cdot x_k = 0; \quad \sum_{k=1}^{n} \lambda_k \cdot y_k = 0; \quad \sum_{k=1}^{n} \lambda_k \cdot z_k = 0; \quad \sum_{k=1}^{n} \lambda_k = 0 \qquad (3-23)$$

综上可以得到如下形式的矩阵：

$$\begin{bmatrix} \phi_{11} & \phi_{12} & \cdots & \phi_{1n} & x_1 & y_1 & z_1 & 1 \\ \phi_{21} & \phi_{22} & \cdots & \phi_{2n} & x_2 & y_2 & z_2 & 1 \\ \vdots & \vdots & \ddots & \vdots & \vdots & \vdots & \vdots & \vdots \\ \phi_{n1} & \phi_{n2} & \cdots & \phi_{nn} & x_n & y_n & z_n & 1 \\ x_1 & x_2 & \cdots & x_n & 0 & 0 & 0 & 0 \\ y_1 & y_2 & \cdots & y_3 & 0 & 0 & 0 & 0 \\ z_1 & z_2 & \cdots & z_n & 0 & 0 & 0 & 0 \\ 1 & 1 & \cdots & 1 & 0 & 0 & 0 & 0 \end{bmatrix} \begin{bmatrix} \lambda_1 \\ \lambda_2 \\ \vdots \\ \lambda_n \\ c_1 \\ c_2 \\ c_3 \\ c_4 \end{bmatrix} = \begin{bmatrix} f_1 \\ f_2 \\ \vdots \\ f_n \\ 0 \\ 0 \\ 0 \\ 0 \end{bmatrix} \qquad (3-24)$$

记 $\boldsymbol{\lambda} = [\lambda_1, \lambda_2, \cdots, \lambda_n]^T$, $\boldsymbol{c} = [c_1, c_2, c_3, c_4]^T$, $\boldsymbol{F} = [f_1, f_2, \cdots, f_n]^T$, $A_{i,j} =$ $\phi(\|X_i - X_j\|)$ $(i,j = 1, \cdots, n)$, $\boldsymbol{q} = \begin{bmatrix} x_1 & y_1 & z_1 & 1 \\ x_2 & y_2 & z_2 & 1 \\ \vdots & \vdots & \vdots & \vdots \\ x_n & y_n & z_n & 1 \end{bmatrix}$,式(3-24)可简记为

$$\begin{pmatrix} F \\ 0 \end{pmatrix} = \begin{pmatrix} A & \boldsymbol{q} \\ \boldsymbol{q}^T & 0 \end{pmatrix} \begin{pmatrix} \boldsymbol{\lambda} \\ \boldsymbol{c} \end{pmatrix} \qquad (3-25)$$

将式(3-24)展开,可以得到 x,y,z 三个方向上独立的方程:

$$f_x = S_x(X) = \sum_{i=1}^{n} \lambda_{ix}\phi(\|X - X_i\|) + c_{1x}x + c_{2x}y + c_{3x}z + c_{4x} \qquad (3-26)$$

$$f_y = S_y(X) = \sum_{i=1}^{n} \lambda_{iy}\phi(\|X - X_i\|) + c_{1y}x + c_{2y}y + c_{3y}z + c_{4y} \qquad (3-27)$$

$$f_z = S_z(X) = \sum_{i=1}^{n} \lambda_{iz}\phi(\|X - X_i\|) + c_{1z}x + c_{2z}y + c_{3z}z + c_{4z} \qquad (3-28)$$

在三个方向上可以各得到一个与式(3-25)形式相同的矩阵方程,径向基函数插值最终归结为求解式(3-25)这个线性方程组,即一个高维矩阵求逆的问题。本研究使用LU分解方法快速求解这个方程组。在实际船体曲面的变形应用中,需要选出两种控制点,第一种为需要变动的控制点($f_i \neq 0$,简称可变点),也就是优化中的设计变量,通过这组控制点使船体曲面产生变形。第二种是坐标固定的控制点($f_i = 0$,简称约束点),即约束住部分船体型线使其不发生变化。这两种控制点的变化量共同构成矩阵 $\boldsymbol{F}$。再将所有选出的控制点依次作为插值中心,求得矩阵 $\boldsymbol{A}$。通过解三个方向上的方程式(3-25)就可以得到所有未知系数 λ_i、c_i。最后将剩余的网格控制点(简称待求点)代入式(3-19),就可以求得所有待求控制点的新坐标,形成新的曲面。

3.3.4 模型生成器的开发

船舶设计各学科对应的分析工具往往是不同的。随着各学科研究的深入,分析模型的精度越来越高,与之相关的软件、计算程序更加复杂,功能更加强大。这些高精度分析模型和功能强大的软件,可以为设计过程提供更多更可靠信息,更充分地利用各学科之间相互作用的协同机制,寻找到最佳总体方案。然而,问题也随之产生了。在各学科分析工具工作之前,设计人员必须就同一设计方案为每一个学科建立一个计算模型,这样重复性的建模活动势必要延长船舶的设计周期,增加船舶设计成本。此外,由于每一种分析软件通常都有自己特定的输入数据格式,所以在一个高度集成的MDO环境中,输入/输出数据的格式就成了主要问题。以船舶水动力性能多学科设计优化为例,阻

力学科关注的是船体曲面的外部形状,而耐波学科大多关注的是各剖面的形状,如图 3-14 所示。因此,要进行船舶水动力性能分析,一种方法是通过模型生成器将船体外形曲面保存成 CFD 软件(Fluent、Shipflow 等)可以识别的格式,如 IGES、STEP 等,并将模型导入其中再进行水动力计算。但这一过程很难实现自动化,所以不易集成到 MDO 系统中。另一种方法是用模型生成器将船体外形以点云的形式离散化,读取点的信息,并按照 CFD 程序输入文件的格式输出到指定文件,该方法可实现船体曲面变形模块与 CFD 分析程序之间的无缝连接。

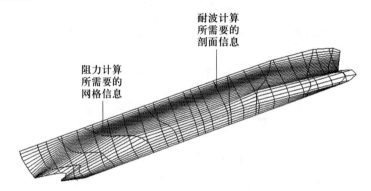

图 3-14 水动力性能计算所需要的船型数据

通过模型生成器的开发,提取各性能计算程序所需要的计算模型。具体的提取流程如图 3-15 所示。

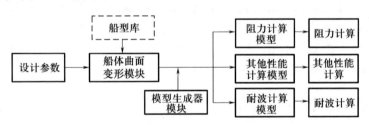

图 3-15 计算模型的提取流程

下面简述模型生成器的开发原理。

1. IGES 文件结构特点[23]

IGES(initial graphics exchange specification)为一美国图形规范,用来定义在各造型系统间进行文件转换的中间文件格式,已被转换成《初始图形交换标准》。由于其形成较早且完善,现已作为产品定义标准而被广泛使用。绝大部分船舶三维设计系统均配有可读入和输出符合 IGES 规范的产品定义数据文件的接口。

IGES 文件是一个顺序文件，由任意行数组成，每行 80 个字符，每个文件由开始段、全局参数段、目录条目段、参数数据段和结束段五部分组成。开始段是文件的生成人对该文件的说明，该部分一般两行左右。全局参数段包括图形系统处理 IGES 文件所需要的各种总体信息，共有 24 个参数，以自由格式输入，包括产品标志、文件名、生成此文件的系统标识符、IGES 版本号等。目录条目段是文件中实体部分描述的索引，每个实体在目录条目段都有一个目录条目。每个实体的目录条目占两行，8 个字符组成一个域，共 20 个域。参数数据段给出每个实体除目录部分给出的信息以外的其他信息，与目录部分相对应的，包括类型号、坐标值(x、y、z)、文本内容、文本大小、角度等信息。结束段为文件的最后一部分，仅占一行，说明各参数段所占的行数。

2. 模型生成器的执行流程

模型生成器的具体目标是读入船体曲面变形模块生成的三维模型 IGES 文件，找出该文件中构成模型的各种实体(曲线、平面、参数样条曲面、NURBS 曲面等)，从这些实体中读取其控制参数，最后按照船体性能计算程序的输入需求生成相应的计算模型，如图 3 - 16 所示。

图 3 - 16 模型生成器的执行流程

3. 船体 NURBS 曲面的识别和转换

读取船型 IGES 文件，其目的是提取包含于参数数据段的船型三维图形信息，将其转化成各性能计算程序所能够识别的模板数据格式。根据 IGES 文件的结构，先到文件最后一行的结束段读出文件各个部分所占行数，从而确定各部分参数的位置。循环读入 20 个字段(等于单个实体的目录条目段数据长度)，判断其实体类型是否为所需的几何实体。图 3 - 17 以读取 NURBS 船型曲面实体为例显示其流程。

在获得船型曲面各实体的控制参数后，在 v 方向把实体分成 n 个剖面，而每个剖面又等分成 u 方向的 m 个点，根据式(3 - 9)计算 u、v 两个方向的 B 样条基函数，即 $N_{i,k}(u)$、$N_{j,l}(v)$，再利用式(3 - 10)得到船型曲面网格点的坐标，最后按照各水动力性能计算程序所需要的数据格式输出计算模型文件。

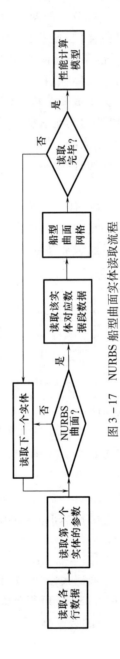

图 3-17 NURBS 船型曲面实体读取流程

3.4 船体曲面变形模块的验证

根据前文所述的原理,分别开发船型融合变形模块、基于 RBF 插值的船体曲面变形模块及模型生成器模块。下面通过具体的实例验证各模块的可行性。

3.4.1 船型融合变形模块验证

(1) 船型库中包括 3 条船,均用 NURBS 表达。3 条船的主尺度及首尾轮廓均保持相同,如表 3-2 所列。三条船唯一不同的是球鼻首的形状,船型 A 的球鼻首较为平直;船型 B 的球鼻首上翘一些;船型 C 的球鼻首的首端距基线很近,如表 3-3 所列。

表 3-2 库中船型的主尺度

水线长 L_{wl}/m	水线宽 B_{wl}/m	吃水 T_x/m
159.43	24.384	10

表 3-3 不同船型球鼻首的融合

船型库	融合系数	融合船型
船型 A 船型 B 船型 C	$A=0.2$ $B=0.7$ $C=0.1$	
	$A=0.6$ $B=0.3$ $C=0.1$	
	$A=0.1$ $B=0.3$ $C=0.6$	
	$A=0.1$ $B=0.1$ $C=0.8$	
	$A=0.1$ $B=0.8$ $C=0.1$	

(2) 设定每条船的融合系数(权重),通过船型融合变形模块的自动融合,可产生各种不同形状的球鼻首外形,如表 3-3 所列。由表可以看到,当融合系数分别为 $A=0.2$、$B=0.7$、$C=0.1$(说明:A 代表分配给船型 A 的融合系数;B 代

表分配给船型 B 的融合系数;C 代表分配给船型 C 的融合系数)时,融合后的球鼻首形状是介于 A、B、C 之间的形状,但略偏向于船型 B;当融合系数分别为$A=0.6$、$B=0.3$、$C=0.1$ 时,融合后的球鼻首形状是介于 A、B、C 之间的形状,但略偏向于船型 A;当融合系数分别为 $A=0.1$、$B=0.3$、$C=0.6$ 时,融合后的球鼻首形状是介于 A、B、C 之间的形状,但略偏向于船型 C。

(3) 测试结论。根据以上的测试结果,对该模块多个方面的性能进行了归纳总结,如表 3-4 所列。

表 3-4 船型融合变形模块的性能

模块的可行性	库中船型的数量及形状	用户建库的方便性	模块的适用性
依据设计者需求,从船型库中选择不同的船型进行融合,同时为每一类船型分配一个融合系数,经融合后可自动产生丰富多样的球鼻首方案,而这些融合系数则可作为优化的设计变量,说明该模块可以应用到船型优化当中	尽管本测试所用到的船型库中只有 3 条船,但测试表明:随着库中船型数量及球鼻首方案的增多,经融合后将会产生无限多个不同的球首方案,但库中船型的差异要尽量保持多样性	建库时不需要考虑球首水动力性能的影响,只需保证型线光顺,这就使建库工作更加方便、快捷	由于该模块是以船型库为基础的,因此在理论上可以针对任何种类的船型,在使用时可以针对每一类船型建立一个船型库

3.4.2 基于 RBF 插值的船体曲面变形模块验证

以 Series60 船型为例,在艏部选择 4 个可变点并设定其新的坐标位置,选择甲板边线、基线、部分站线上的控制点以及设计水线上的控制点作为固定点,经过径向基插值得到新船型,如图 3-18 所示。由图可知,变形后水线处的型线未发生改变;水线以下,1~8 号站横剖线变宽且各横剖线均较为光顺。

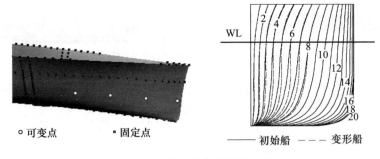

图 3-18 约束水线的艏部变形

同理,在船艏部选择4个可变点并设定其新坐标位置,选择甲板边线、基线以及部分站线上的控制点作为约束点,如图3-19所示。经过径向基函数插值可得新船型,变形后船艏部分在5~20站位之间的型线没有发生变化。

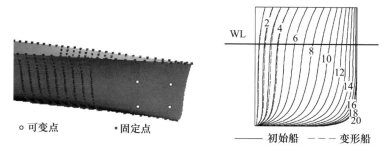

图3-19 约束站位的艏部变形

上述示例说明基于RBF插值的船体曲面变形方法可通过较少的设计变量实现船体曲面的快速变形。在本示例中,通过固定点的选择分别约束了甲板边线、设计水线、站线及基线,变形之后相应位置的型线并未发生变化,说明在船体曲面变形时,该方法可以通过约束点的选择,保留住母型船的基本特征,方便工程师开展后续的布置及结构设计等工作。

3.4.3 模型生成器模块的测试

测试:读取船体曲面变形模块生成的船型文件,经解析后生成阻力计算模型文件。

由于每种CFD软件的输入格式均不相同,此处仅针对商业软件Shipflow的计算模型要求进行测试。

(1) Shipflow软件的计算模型要求,如图3-20所示。通常处理这类计算模型的方法是人工准备数据,同时还要进行大量的手工处理,导致前期准备工作时间非常长,而且不容易体现船型曲面的真实形状,难以保证计算精度。

(2) 利用模型生成器模块进行计算模型的自动生成,具体过程如图3-21所示。

经模型生成器的解析后,自动提取船型曲面的型值点坐标,生成Shipflow所需要的计算模型,如图3-22所示。该计算模型可以直接被Shipflow软件读取,并计算相关阻力指标。

该计算模型在Shipflow前处理器的可视化显示,如图3-23所示。

值得说明的是,为精确表达船型曲面的真实形状,该模块可以根据设计的需要自由设置型值点的个数。本模块型值点的最大数量可设置为100万个,但本例因测试的需要,型值点的个数取2000个。

```
曲面名称 → hull
              -0.006250    0.000000    0.015000   1
              -0.006250    0.000000    0.015000   0
               0.001750    0.000000   -0.003214   1  ← 某站线起
               0.001750   -0.000024   -0.002857   0      始点标记
               0.001750   -0.000049   -0.002500   0
               0.001750   -0.000074   -0.002143   0
               0.001750   -0.000099   -0.001786   0
               0.001750   -0.000123   -0.001429   0
               0.001750   -0.000147   -0.001071   0
               0.001750   -0.000171   -0.000714   0
型值点坐标 →  0.001750   -0.000197   -0.000357   0
               0.001750   -0.000221    0.000000   0
               0.001750   -0.000369    0.005529   0
               0.001750   -0.000614    0.011071   0
               0.001750   -0.000614    0.015000   0  ← 某站线
               0.006250    0.000000   -0.015357   1      终点标记
               0.006250   -0.000074   -0.013571   0
               0.006250   -0.000147   -0.011429   0
               0.006250   -0.000197   -0.010143   0
               0.006250   -0.000270   -0.008214   0
               0.006250   -0.000369   -0.006071   0
               0.006250   -0.000443   -0.004286   0
               0.006250   -0.000516   -0.002143   0
               0.006250   -0.000566   -0.000929   0
               0.006250   -0.000614    0.000000   0
               0.006250   -0.000860    0.005529   0
               0.006250   -0.001130    0.011071   0
              ...........................................  ← 最后站线
               1.000000   -0.030194    0.015000   9      终点标记
end ← 结束标记
```

图 3-20　Shipflow 软件的计算模型要求

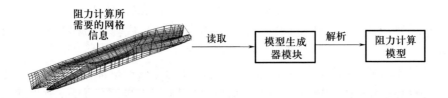

图 3-21　阻力计算模型生成示意图

```
ship
7.927902       0.000000       0.000000       1
7.927902       0.000000       0.000000       0
7.927902       0.000000       0.000000       0
7.927902       0.000000       0.000000       0
7.927902       0.000000       0.000000       0
7.927902       0.000000       0.000000       0
7.927902       0.000000       0.000000       0
............................................
151.914554     0.000000       2.392895       1
151.914554     0.000132       2.392895       0
151.914554     0.000299       2.392895       0
151.914554     0.000530       2.392895       0
151.914554     0.000853       2.392895       0
151.914554     0.001296       2.392895       0
151.914554     0.001889       2.392895       0
............................................
165.252100     11.230203      16.008353      0
165.252100     11.386331      16.207702      0
165.252100     11.530664      16.408873      0
165.252100     11.662554      16.611785      0
165.252100     11.781353      16.816356      0
165.252100     11.886414      17.022506      0
165.252100     11.977089      17.230153      0
165.252100     12.052729      17.439215      0
165.252100     12.112689      17.649613      0
165.252100     12.156319      17.861263      0
165.252100     12.182972      18.074086      0
165.252100     12.192000      18.288000      9
end
```

图 3-22　模型生成器生成阻力计算模型

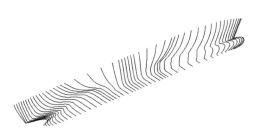

图 3-23　阻力计算模型的前处理

测试 2：读取船体曲面变形模块生成的船型文件，经解析后生成耐波性计算的模型文件。

（1）耐波性计算软件是基于切片理论所编写的，其计算模型的要求如图 3-24 所示。通常这类计算模型的数据提取也需要靠手工方式进行，并存在着数据准备量大、难以保证精度的缺点。

```
型值点  站数  计算种类
seakeeper performance template
    8       21       1
 0.000000  1.000000  2.000000  3.000000  4.000000  5.000000  6.000000  7.000000
 8.000000  9.000000 10.000000 11.000000 12.000000 13.000000 14.000000 15.000000
16.000000 17.000000 18.000000 19.000000 20.000000
  0.000  159.430   24.3840                                                      ← 水线长
                                                                    水线宽
  0.000    0.914    1.858    2.342    2.213    1.619    0.767    0.0000
  0.0000  -3.2470  -4.1240  -5.4576  -7.6873  -8.9542  -9.6627  -9.8443
  8.207    6.003    4.148    4.048    3.239    2.187    0.0000
  0.0000  -1.9736  -3.8128  -6.1338  -8.0765  -9.5252  -9.9933  -9.9933         ← 某站Y值
  6.250    3.908    1.944    1.820    1.552    0.763    0.0000
  0.0000  -1.6532  -2.9959  -5.7539  -7.2753  -8.4570  -8.9331  -8.9363         ← 某站Z值
 2681.1823  0.000000  0.062500  0.062500  0.000000  0.5098                      ← 总重
                                                          ↑ 相对吃水重心坐标
19
29    1    1
80
179.9999
 0.2603
 0.2000   0.3000   0.4000   0.5000   0.6000   0.7000   0.8000   0.9000
 1.0000   1.1000   1.2000   1.3000   1.4000   1.5000   1.6000   1.7000
 1.8000   1.9000   2.0000   2.1000   2.2000   2.3000   2.4000   2.5000
 2.6000   2.7000   2.8000   2.9000   3.0000
 0.000000959.8100  159.4300
 1         2        2
 1    1    1        2    2    2    2    2    2
 2    2    1        1    1
 1.0000   1.0000   1.0000   1.0000   1.0000   1.0000   1.0000   1.0000
 1.8000   1.9000   2.0000
 1.0000   1.0000   1.0000   1.0000   1.0000   1.0000   1.0000   1.0000
 1.0000   1.0000   1.0000   1.0000   1.0000                                     ← 结束段标记
PASS=STOP  TAPE=FIN  PRINT=FIN
```

图 3-24 耐波性计算模型要求

（2）利用模型生成器模块进行计算模型的自动生成，具体过程如图3－25所示。

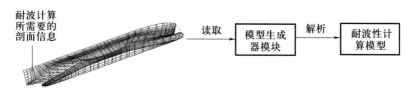

图3－25　耐波性计算模型生成示意图

经模型生成器的解析后，自动提取各剖面的型值点坐标，生成耐波性能计算所需要的计算模型，如图3－26所示。该计算模型文件可以直接被耐波性计算程序读取，并计算相关性能指标。

```
seakeeper performance template
wuhan university of technology
2008.10
    8    21    1    1
  0.000000  1.000000  2.000000  3.000000  4.000000  5.000000  6.000000  7.000000
  8.000000  9.000000 10.000000 11.000000 12.000000 13.000000 14.000000 15.000000
 16.000000 17.000000 18.000000 19.000000 20.000000
   159.1300   24.0040
  0.000    0.859    1.683    2.098    1.972    1.476    0.734    0.0000
  0.0000  -3.5672  -4.4907  -5.8710  -7.8598  -9.0483  -9.7051  -9.8722
  2.117    1.739    2.166    3.153    3.249    2.238    0.923    0.0000
  0.0000  -1.8527  -3.3389  -4.8978  -6.9637  -9.2586  -9.9990  -10.0000
  ...........................................................................
  6.250    3.908    1.944    0.752    1.820    1.552    0.763    0.0000
  0.0000  -1.6532  -2.9959  -5.7539  -7.2753  -8.4570  -8.9331  -8.9363
  2673.4013 0.000000 0.062500 0.062500 0.000000 0.5098
 19
 29    1    1    1
 80
 179.9999
 0.2603
 0.2000    0.3000    0.4000    0.5000    0.6000    0.7000    0.8000    0.9000
  ...........................................................................
 2.6000    2.7000    2.8000    2.9000    3.0000
 1    2    2
 2    2    2
 0.000000959.8100  159.4300  2
 1   1   1   2   2   2   2   2   2   2   2   2
 2   2   1   1
 1.0000   1.0000   1.0000   1.0000   1.0000   1.0000   1.0000   1.0000
 1.0000   1.0000   1.0000   1.0000   1.0000   1.0000   1.0000   1.0000
 1.0000   1.0000   1.0000   1.0000   1.0000
PASS=STOP  TAPE=FIN  PRINT=FIN
```

图3－26　模型生成器生成耐波性能计算模型

测试3：提取型值准确性的误差分析。

阻力及耐波性能计算模型所需要的型值数据均需要对原船型进行一定的解析及转化，故可能存在一定的误差，现取某剖面8个型值点的数据进行验证，型值点数据如表3－5所列。

表3-5 模型生成器提取的某剖面型值数据

点序号	1点	2点	3点	4点	5点	6点	7点	8点
$X=13.794$	$Y=0.00$	$Y=0.923$	$Y=2.238$	$Y=3.249$	$Y=3.153$	$Y=2.166$	$Y=1.739$	$Y=2.117$
剖面型值	$Z=0.00$	$Z=0.001$	$Z=0.7414$	$Z=3.0363$	$Z=5.1022$	$Z=6.6611$	$Z=8.1473$	$Z=10.0$

将表 3-5 中的数据点标记在原船型的横剖线图中(以圆圈表示),可以看到所有的型值点均准确地落在 $X=13.794$ 的横剖线上,经测量误差为 1~2mm,如图 3-27 所示。

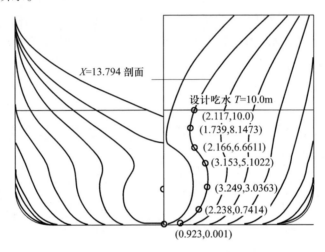

图 3-27 模型生成器提取型值准确性的验证

以上测试结果表明,模型生成器模块自动提取的型值数据是准确的,该模块是可以应用到船型优化当中的,尽管存在 1~2mm 的误差,但这足以满足水动力数值计算的精度要求。更为重要的是,该模块不仅仅为水动力性能计算提供计算模型,而且还建立了一种通用的船型数据提取方法,为与其他性能的数据集成提供了一条技术途径。

参 考 文 献

[1] 王振国,陈小前,等.飞行器多学科设计优化理论与应用研究[M].北京:国防工业出版社,2006.
[2] 张萍.船型参数化设计[D].无锡:江南大学,2009.
[3] 曾隆杰.船舶CAD[M].北京:人民出版社,2000.
[4] Doctors L J. A Versatile hull – generator program[C]. Proc. Twenty – First Century Shipping Symposium,University of New South Wales,Sydney,New South Wales,1995:140 – 158.
[5] Neu W L,Hughes O,Mason W H,et al. A prototype tool for multidisciplinary design optimization of ships

[C]. Ninth Congress of the International Maritime Association of the Mediterranean, Naples, Italy, 2000.
[6] Yang Y S, Park C K. A study on the preliminary ship design method using deterministic approach and probabilistic approach including hull form[J]. Structure Multidisciplinary Optimization, 2007, 33:529 – 539.
[7] Yusuke Tahara, Satoshi Tohyama. CFD – based multi – objective optimization method for ship design[J]. International Journal for Numerical Methods in Fluids Int. J. Numer. Meth. Fluids, 2006, 52:499 – 527.
[8] Peri D. Multidisciplinary design optimization of a naval surface combatant[J]. Journal of Ship Research, 2003, 47(1):1 – 12.
[9] 陈宾康,董元胜. 计算机辅助船舶设计[M]. 北京:国防工业出版社,1994.
[10] Harries S. Parametric design and hydrodynamic optimization of ship hull forms[D]. Germany: Institut für Schiffs – und Meerestechnik, Technische Universität Berlin, 1998.
[11] Harries S. Fundamentals of advanced hydrodynamic design[J]. The Naval Architect, RINA, 2006(4):25 – 36.
[12] Harries S, Abt C. Formal hydrodynamic optimization of a fast monohull on the basis of parametric hull design[A]. FAST'99 – 5th International Conference on Fast Sea Transportation, Seattle, 1999.
[13] Harries S, Abt C, Gichkurch K. Hydrodynamic modeling of sailing yachts[C]. 15th Chesapeake Sailing Yacht Symposium, Annapolis, 2001.
[14] Harries S, Schulze D. Numerical investigation of a systematic model series for the design of fast monohull [A]. FAST'97 – 4th International Conference on Fast Sea Transportation, Sydney, 1997.
[15] Harries S, Abt C, Hochkirch K. Modeling meets Simulation – process integration to improve design[C]. Honorary Colloquium for Prof. Hagen, Prof. Schluter and Prof. Thiel, University of Duisburg – Essen, July, 2004.
[16] 施法中. 计算机辅助几何设计与非均匀有理B样条[M]. 北京:北京航空航天大学出版社,1994.
[17] 吴宗敏. 径向基函数、散乱数据拟合与无网格偏位方程数值解[J]. 工程数学学报,2002,19(2):1 – 11.
[18] Renka R J. Multivariate interpolation of large sets of scattered data[J]. ACM Transactions on Mathematical Software(TOMS), 1988, 14(2):139 – 148.
[19] 张颖. AutoCAD 软件中样条曲线技术解析[J]. 现代计算机:2013(5):7 – 10.
[20] Morris A M, Allen C B, Rendall T C S. CFD-based optimization of aerofoils using radial basis functions for domain element parameterization and mesh deformation[J]. International journal for numerical methods in fluids, 2008, 58(8):827 – 860.
[21] 周箐箐. 基于控制点平滑的人脸变形算法及其在人脸动画中的应用[D]. 湘潭:湘潭大学,2008.
[22] 王仁芳,徐惠霞,陈仲委,等. 点模型微分属性的估算及其应用[J]. 自动化学报,2011,37(12):1474 – 1482.
[23] 叶国鹏,张云飞. 基于 IGES 文件输入的图形电磁计算方法研究[J]. 北京航空航天大学学报,2004,30(2):100 – 104.

第4章 船舶水动力性能分析及优化系统重构

本章重点介绍常用 CFD 方法的基本原理，主要包括计算兴波阻力的势流面元法、计算黏性阻力的 RANS 方法、计算操纵运动水动力的势流面元法、计算耐波性的二维切片方法和三维势流方法。以上述原理为基础开发部分性能分析程序，利用商业集成框架 iSIGHT 完成各性能分析程序与船体曲面变形模块的集成。通过优化系统的重构，建立基于单学科可行方法的优化流程，实现各性能的并行分析。本章工作为船舶水动力性能多学科设计优化平台的开发打下基础。

4.1 概述

船舶水动力性能主要包括船舶快速性、操纵性和耐波性，其常用的方法主要有经验公式估算、模型试验和数值计算方法。由于经验公式估算方法的精度及适用性问题和试验方法的高额费用及试验周期长等问题，在数值计算方法不断成熟和计算水平不断提高的情况下，计算流体动力学（computational fluid dynamics, CFD）成为重要的船舶水动力性能分析手段，甚至逐步成为主要分析手段。对于船型自动优化问题，需要高精度的水动力性能分析，CFD 方法是必须采用的。

经过学者的不断发展，已形成了多种多样的船舶水动力分析的 CFD 方法，如计算兴波阻力的 Michell 积分方法、格林公式方法和面元法等，计算黏性阻力的边界层理论和叠模绕流的 RANS 方法等；计算船舶操纵水动力的细长体理论、切片理论、面元法和考虑黏性的 RANS 方法等；计算船舶耐波性的切片理论、二维半理论、面元法等；计算螺旋桨水动力的升力线理论、升力面理论和面元法等。其中势流方法相对发展成熟且简单实用，并具有工程应用的基本精度，目前应用广泛。黏性流方法采用的流动模型更接近实际情况，但该方法尚处在不断发展完善过程中，目前的计算结果也具有工程应用的基本精度，但计算量大的问题常导致其计算效率较低。

基于以上理论方法所开发的 CFD 软件在船舶水动力的数值预报方面得到了广泛的应用，但这些软件目前只是局限在学科内使用，不能有效服务于船舶的总体设计，CFD 主要用来检验船型设计的结果，而不是用来驱动船型设计。在船型设计过程中经验还是占主导地位,CFD 的优势没有完全发挥出来。因此,实现船舶 CAD 与 CFD 软件之间的集成是实现船舶水动力性能自动优化的有效途径之一。

4.2 水动力性能学科分析

4.2.1 阻力性能分析

船舶阻力是船舶的基本性能之一,主要由兴波阻力和黏性阻力组成。

1. 求解兴波阻力的势流面元法

考虑船舶以匀速 V 在静水中直线航行,采用大地固定坐标系 $o-xyz$,xoy 平面在静水面上,x 轴正方向与船舶航向一致,y 轴正向指向右舷,z 轴竖直向下,如图 4-1 所示。流体为无黏无旋不可压理想流体,流体存在定常速度势 ϕ,它满足的定解方程组为

$$\nabla^2 \phi = 0 \qquad \text{在流体域内} \qquad (4-1)$$

$$\xi = \frac{1}{g}\left(-V_S \cdot \nabla\phi + \frac{1}{2}\nabla\phi \cdot \nabla\phi\right) \quad \text{在自由水面 SF 上} \quad (4-2)$$

$$(\nabla\phi - V_S \cdot \boldsymbol{n}) \cdot \nabla\xi = \phi_z \qquad \text{在自由水面 SF 上} \qquad (4-3)$$

$$\frac{\partial \phi}{\partial n} = V_S \cdot \boldsymbol{n} \qquad \text{在物面 SB 上} \qquad (4-4)$$

$$\nabla\phi = (0,0,0) \qquad \text{在无穷远处} \qquad (4-5)$$

式中:$V_S = (V,0,0)$;g,ξ 分别为重力加速度和波面抬高。

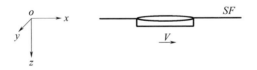

图 4-1 坐标系

用面元法求解流体速度势的定解问题有 Rankine 源法和 Kelvin 源法两类,其中 Rankine 源法在目前的面元法中占主导地位。Rankine 源法中流场任意点 $P(x,y,z)$ 处流体速度势通过在船体表面和自由水面布置源(汇)的诱导速度势表达,即

$$\phi(P) = -\frac{1}{4\pi}\iint_{SB} \sigma(\boldsymbol{Q})\left(\frac{1}{r(\boldsymbol{P},\boldsymbol{Q})} - \frac{1}{r'(\boldsymbol{P},\boldsymbol{Q}')}\right)\mathrm{d}s -$$

$$\frac{1}{4\pi}\iint_{SF} \sigma(\boldsymbol{Q})\left(\frac{1}{r(\boldsymbol{P},\boldsymbol{Q})} - \frac{1}{r'(\boldsymbol{P},\boldsymbol{Q}')}\right)\mathrm{d}s \qquad (4-6)$$

式中:$P(x,y,z)$ 为场点;$Q(x_0,y_0,z_0)$ 和 $Q'(x_0,-y_0,z_0)$ 为源(汇)点;$\sigma(\boldsymbol{Q})$ 为源

强分布;r,r'为场点与源(汇)点之间的距离。

将流体速度势表达式(4-6)代入自由水面条件式(4-2)和式(4-3)以及物面条件式(4-4),求解源点源强分布 $\sigma(Q)$,再由式(4-6)得到流体域任意场点流体速度势 $\phi(P)$,进而得到船体兴波阻力。由于自由水面条件式(4-2)和式(4-3)是非线性的,且必须在未知的波面上满足,需要将自由面条件线性化处理。

1) 线性自由表面条件

当船舶航行所兴起波浪的波陡较小和船体浮态变化可以忽略时,可不考虑自由表面的非线性影响而直接采用线性自由表面条件,即在静水面上满足

$$\xi = -\frac{1}{g}\frac{\partial \phi}{\partial t} \quad (z=0) \qquad (4-7)$$

$$\frac{\partial \xi}{\partial t} + \frac{\partial \phi}{\partial z} = 0 \quad (z=0) \qquad (4-8)$$

2) 非线性自由表面条件

当船舶航行所兴起波浪的波陡较大和船体浮态变化不可以忽略时,自由水面满足非线性边界条件式(4-2)和式(4-3),这时需将自由面条件作线性化处理以便于迭代计算。设 φ 是流体速度势 ϕ 的已知近似值,Z 是波面抬高 ξ 的已知近似解,将原自由面条件在 $z=Z$ 和 $\phi=\varphi$ 处作泰勒级数展开,只保留线性项,则可写为迭代满足的格式[1]

$$[2(\nabla A - V\nabla \varphi_1) + WB] \cdot \nabla \phi + W \cdot [(W \cdot \nabla)\nabla \phi] + g\phi_z = \\ 2\nabla \varphi \cdot [\nabla A - V\nabla \varphi_1] + B(A - gZ) \qquad (4-9)$$

$$\xi = Z + \frac{W \cdot \nabla \phi - A + gZ}{W \cdot \nabla \varphi_z - g} \qquad (4-10)$$

式中:$W = \nabla \varphi - V_s$;$A = \frac{1}{2}\nabla \varphi \cdot \nabla \varphi$;$B = \frac{[W \cdot (\nabla A - V\nabla \varphi_x) + g\varphi_z]_z}{W \cdot \nabla \varphi_z - g}$。

物面条件作相应处理为

$$\nabla \phi \cdot n = Vn_1 \qquad (4-11)$$

3) 定解问题的数值求解

为构造数值解,将船体表面及自由水面离散成 $N_B + N_F$ 个面元,面元上的源强分布也作相应离散。同时,在每个面元上选择配置点,在配置点上满足自由面和物面边界条件,通过 $N_B + N_F$ 个线性代数方程组的求解,确定源(汇)的强度分布。

4) 兴波阻力

根据定解问题求解出流体速度势 ϕ 后,根据 Bernoulli 方程得到流场中压力分布:

$$p = \rho\left(V\phi_x - \frac{1}{2}\nabla\phi \cdot \nabla\phi + gz\right) \qquad (4-12)$$

式中：ρ 为流体质量密度。

将流体压力沿船体湿表面积分，得到船体所受到的流体作用力，即

$$\boldsymbol{F} = (F_1, F_2, F_3) = \iint_{SB} p\boldsymbol{n}\,\mathrm{d}S \qquad (4-13)$$

$$\boldsymbol{M} = (M_1, M_2, M_3) = \iint_{SB} p(\boldsymbol{r} \times \boldsymbol{n})\,\mathrm{d}S \qquad (4-14)$$

式中：$\boldsymbol{r}$ 为坐标原点至船体表面点 $P(x,y,z)$ 的矢径；$\boldsymbol{n} = (n_1, n_2, n_3)$ 为船体表面点 $P(x,y,z)$ 处单位法向矢量。

船体所受的兴波阻力为

$$R_w = -F_1 = -\iint_{SB} pn_1\,\mathrm{d}S \qquad (4-15)$$

无因次兴波阻力系数为

$$C_w = \frac{R_w}{\left(\frac{1}{2}\rho V^2 S_0\right)} \qquad (4-16)$$

式中：S_0 为静水中船体湿面积。

船体所受下沉力和纵倾力矩为

$$F_3 = \iint_{SB} pn_3\,\mathrm{d}S \qquad (4-17)$$

$$M_2 = \iint_{SB} p(zn_1 - xn_3)\,\mathrm{d}S \qquad (4-18)$$

船体下沉位移 Δz 和纵倾角 $\Delta\theta$ 通过下式求解，即

$$\begin{bmatrix} F_3 - F_{30} \\ M_2 - M_{20} \end{bmatrix} = \begin{bmatrix} \dfrac{\partial^2 F_3}{\partial z \partial \theta} \\ \dfrac{\partial^2 M_2}{\partial z \partial \theta} \end{bmatrix} \begin{bmatrix} \Delta z \\ \Delta \theta \end{bmatrix} \qquad (4-19)$$

式中：F_{30}，M_{20} 分别为船体静浮状态下的下沉力和纵倾力矩[2]。

2. 求解黏性阻力的 RANS 方法

船舶在水中以匀速 V 航行，船体所受到的流体黏性阻力（摩擦阻力和黏压阻力）可通过模拟船体黏性叠模绕流场得到。

1）控制方程

RANS 方程和雷诺时均连续性方程为

$$\frac{\partial(U_i U_j)}{\partial x_j} = -\frac{1}{\rho}\frac{\partial P}{\partial x_i} + \frac{\partial}{\partial x_j}\left[\nu\left(\frac{\partial U_i}{\partial x_j} + \frac{\partial U_j}{\partial x_i}\right)\right] - \frac{\partial(\overline{u'_i u'_j})}{\partial x_j} + f_i \qquad (4-20)$$

$$\frac{\partial U_j}{\partial x_j} = 0 \qquad (4-21)$$

式中：$-\overline{u'_i u'_j}$ 为雷诺应力项。

2）湍流模型

流体湍流模型有多种形式，如 Spalart-Allmaras 模型、$k-\varepsilon$ 模型和 $k-\omega$ 模型和雷诺应力模型等，目前 $k-\varepsilon$ 模型在工程中应用最为广泛。

标准 $k-\varepsilon$ 模型湍流输运方程表示为如下形式：

（1）湍流动能 k 方程。

$$\frac{\partial \rho k}{\partial t} + \frac{\partial}{\partial x_j}\left[\rho u_j \frac{\partial k}{\partial x_j} - \left(\mu + \frac{\mu_\tau}{\sigma_k}\right)\frac{\partial k}{\partial x_j}\right] = G_k + G_b - \rho\varepsilon + S_k \quad (4-22)$$

（2）能量耗散 ε 方程。

$$\frac{\partial \rho \varepsilon}{\partial t} + \frac{\partial}{\partial x_j}\left[\rho u_j \varepsilon - \left(\mu + \frac{\mu_\tau}{\sigma_\varepsilon}\right)\frac{\partial \varepsilon}{\partial x_j}\right] = c_{1\varepsilon}\frac{\varepsilon}{k}(G_k + c_{3\varepsilon}G_b) - c_{2\varepsilon}\rho\frac{\varepsilon^2}{k} + S_\varepsilon$$

$$(4-23)$$

式中：G_k 为由层流速度梯度而产生的湍流动能；G_b 为由浮力产生的湍流动能；$c_{1\varepsilon}, c_{2\varepsilon}, c_{3\varepsilon}$ 为常量；σ_k、σ_ε 为 k 方程和 ε 方程的湍流 Prandtl 数；S_k, S_ε 为应力项。

（3）湍流速度模型。

湍流速度 μ_t 由下式确定，即

$$\mu_t = \rho C_\mu \frac{k^2}{\varepsilon} \quad (4-24)$$

式中：C_μ 为常量，模型常量通常从试验中得来。

3）边界条件

考虑船体左右对称性，船体直航绕流场左右对称，取船体一侧为流体计算域如图 4-2 所示。流体计算域存在 6 种边界，即入流面、出流面、无穷远外边界、对称面、自由水面、船体表面。

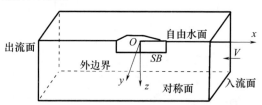

图 4-2　船舶绕流计算域

（1）入流面。选用入口边界条件：其速度为均匀来流速度。

（2）出流面。选用自由出流条件：出流边界到船尾的距离应合理确定以消除对流场计算的影响。

（3）外边界。选用固壁条件：满足对速度和湍动能 k 的无滑移边界条件，外边界应取离船体足够远。

（4）对称面。选用对称面条件：对称面上法向速度为 0，变量的法向梯度为 0。

（5）自由水面。求解叠模绕流问题,选用对称面条件。

（6）船体表面。一般选用无滑移固壁条件。

靠近船体表面的流动可分为层流层、过渡层和湍流层,湍流模型只在充分发展的湍流层适用,因此在靠近壁面的区域应引入壁面函数来联系湍流层和近壁的层流层:采取 Launder 和 Spalding 提出的壁面函数方法来处理。

4）网格生成

流体区域划分计算网格,靠近船体网格加密,外边界网格稀疏。船体表面划分三角形或四边形网格,流体域网格为三棱柱、四面体或六面体网格,宜尽量生成结构化网格。

5）方程离散

有限体积法（finite volume method, FVM）考虑在体积元边界流出的矢通量等于相邻体积元在该边界流入的矢通量,从而保证差分格式的守恒,因而即使在网格比较粗的情况下也能准确地显示出积分守恒。同时 FVM 能采用各种形状的网格以适应各种形状的边界几何形状,使用起来也较为简便。

通过以上数值方法计算船体表面压力和切应力分布,对船体湿表面积分即可得到船体在静水中航行所受到的黏性流体作用力,其中与船舶航行速度方向相反的作用力即为船舶黏性阻力。

4.2.2 耐波性能分析

船舶作为海上交通运输和作战的主要工具,应具有良好的耐波性能,分析船舶在波浪中的运动和所受的波浪载荷是船舶耐波性的重要研究内容。

船舶运动和波浪载荷计算经历了从二维方法到三维方法、线性理论到非线性理论的发展过程。二维切片理论对船舶运动和载荷的求解是基于细长体假设,具有计算快捷、对船型适用性好等诸多优点,在船舶工程界得到了普遍的应用。三维势流方法根据船舶运动的定解问题可求解三维的扰动速度势（包括辐射势和绕射势）,从而确定船舶在波浪中的受力和运动特性,但是,这些求解过程十分复杂和费时,尤其是在有航速的情况下。线性理论计算船舶运动和载荷是基于微幅波假设,计算快捷,在船舶工程界应用广泛。在实际的海浪中船舶运动有复杂的非线性现象,特别是航行于恶劣海况下的船舶运动幅度较大,由于船舶的非直弦以及底部砰击、外张砰击和甲板上浪等因素的影响,导致船舶运动、特别是波浪载荷呈现明显的非线性。

1. 船舶在波浪中的运动方程式

假设船舶为一刚体,流体为无黏的不可压流体,假定海洋上的波浪为微幅波,在大洋上的波浪,除了极罕见的如台风等产生的破碎波外,波陡（波高波长

比 H/λ）一般不超过 $\frac{1}{20}$，即线性波浪理论成立。

船舶以航速 V 直线航行，图 4-3 所示为一随船坐标系，xoy 平面在船舶水线面上，x 轴从船尾指向船首，y 轴指向船舶右舷，z 轴竖直向下。

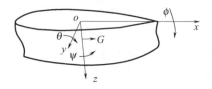

图 4-3　坐标系

船舶在波浪中的运动为 6 个自由度的刚体运动，即纵荡、横荡、垂荡、纵摇、横摇和首摇。分别用下标 $j=1,2,\cdots,6$ 来表示，各方向的运动位移分别记为 x_j，在实用中，也有用 x,y,z,ϕ,θ,ψ 代替 x_j。船舶波浪载荷则以垂向、横向的剪力（弯矩）以及扭矩的形式作用于船体。

船舶在波浪中所受到的作用力主要包括以下 6 种，即重力、船舶惯性力、浮力、船舶摇荡运动产生的辐射流体力、波浪扰动力和流体黏性力。在规则波中，运动方程式可由作用在船体上的惯性力、黏性力、基于静水压力的恢复力和波浪扰动力平衡得到，即

$$\sum_{j=1}^{6} \{(M_{ij}+m_{ij})\ddot{x}_j + N_{ij}\dot{x}_j + C_{ij}x_j\} = \text{Re}[\xi_A E_i \text{e}^{i\omega t}] \quad (4-25)$$

式中：M_{ij}、m_{ij}、N_{ij} 和 C_{ij} 分别为船舶质量惯性力系数、附连质量系数、阻尼系数和线性恢复力系数；ξ_A 和 E_i 分别为波浪振幅和单位幅值入射波对船舶产生的扰动力；ω 为遭遇频率，与波浪频率 ω_0 间关系式如下：

$$\omega = \omega_0 - k_0 V\cos\chi \quad (4-26)$$

式中：χ 为入射波波向与 x 轴的夹角；k_0 为入射波波数。

若考虑船舶的左右对称性，且为一细长体，线性频域方程在六自由度上不是全耦合的。分离的运动方程式如下：

（1）纵荡运动。

$$(m_0 + m_{11})\ddot{x}_1 + N_{11}\dot{x}_1 = \text{Re}[\xi_A E_1 \text{e}^{i\omega t}] \quad (4-27)$$

（2）垂荡与纵摇耦合（纵向运动）。

$$\begin{bmatrix} m_0+m_{33} & m_{35} \\ m_{55} & I_{22}+m_{55} \end{bmatrix} \begin{bmatrix} \ddot{x}_3 \\ \ddot{x}_5 \end{bmatrix} + \begin{bmatrix} N_{33} & N_{35} \\ N_{53} & N_{55} \end{bmatrix} \begin{bmatrix} \dot{x}_3 \\ \dot{x}_5 \end{bmatrix} + \begin{bmatrix} C_{33} & C_{35} \\ C_{53} & C_{55} \end{bmatrix} \begin{bmatrix} x_3 \\ x_5 \end{bmatrix} = \begin{bmatrix} \text{Re}[\xi_A E_3 \text{e}^{i\omega t}] \\ \text{Re}[\xi_A E_5 \text{e}^{i\omega t}] \end{bmatrix} \quad (4-28)$$

（3）横荡、横摇与首摇耦合（横向运动）。

$$\begin{bmatrix} m_0 + m_{22} & m_{24} - m_0 z_G & m_{26} \\ m_{42} - m_0 z_G & I_{11} + m_{44} & m_{46} \\ m_{62} & m_{64} & I_{33} + m_{66} \end{bmatrix} \begin{bmatrix} \ddot{x}_2 \\ \ddot{x}_4 \\ \ddot{x}_6 \end{bmatrix} + \begin{bmatrix} N_{22} & N_{24} & N_{26} \\ N_{42} & N_{44} & N_{46} \\ N_{62} & N_{64} & N_{66} \end{bmatrix} \begin{bmatrix} \dot{x}_2 \\ \dot{x}_4 \\ \dot{x}_6 \end{bmatrix} +$$

$$\begin{bmatrix} C_{22} & C_{24} & C_{26} \\ C_{42} & C_{44} & C_{46} \\ C_{62} & C_{64} & C_{66} \end{bmatrix} \begin{bmatrix} x_2 \\ x_4 \\ x_6 \end{bmatrix} = \begin{bmatrix} \mathrm{Re}[\xi_A E_2 \mathrm{e}^{\mathrm{i}\omega t}] \\ \mathrm{Re}[\xi_A E_4 \mathrm{e}^{\mathrm{i}\omega t}] \\ \mathrm{Re}[\xi_A E_6 \mathrm{e}^{\mathrm{i}\omega t}] \end{bmatrix}$$

(4-29)

式中：m_0 为船舶质量；I_{ii} 为船舶质量绕 i 轴的惯性矩；

求解以上方程组可得到六自由度运动位移。

2. 二维切片理论[3]

在求解船舶运动的理论中,合理确定辐射流体力和波浪扰动力是最困难的。理论上确定辐射流体力和波浪扰动力是一个三维问题,切片理论的提出即是为了简化三维问题的复杂性,其基本思想是根据船体细长的特点将复杂的三维问题简化为二维问题:将船体沿纵向划分为一系列片体,求解每个片体上的流体力,忽略各片体间流场的相互干扰,将各个片体流体力沿船长积分即可得到作用于全船上的流体力。对于每个片体的流体力求解,则将其视为无限长柱体的截面,这样对于每个片体的振荡运动,流场的求解可作为二维问题处理。

1）纵向运动的普通切片法

考虑船舶在规则波中作垂荡和绕重心 G 的纵摇运动,重心坐标为 $(x_G, 0, z_G)$,如图 4-4 和图 4-5 所示,当船舶处于垂荡位移、绕重心纵摇角分别为 ξ, θ 时。在船长方向 x 处取剖面 $A-A'$,则

剖面 $A-A'$ 的垂向位移为

$$z = \xi - (x - x_G)\theta \tag{4-30}$$

剖面 $A-A'$ 与附近流体的相对速度为

$$v = \dot{\xi} - (x - x_G)\dot{\theta} + V\theta \tag{4-31}$$

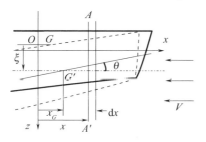
图 4-4 切片纵剖面

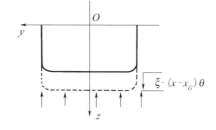
图 4-5 $A-A'$ 剖面

剖面 $A-A'$ 所受到的垂向辐射力为

（1）基于静水压力的恢复力：

$$\frac{\mathrm{d}F_{z1}}{\mathrm{d}x} = -\rho g b(x)[\xi - (x-x_G)\theta] \qquad (4-32)$$

（2）兴波阻尼力：

$$\frac{\mathrm{d}F_{z2}}{\mathrm{d}x} = -n(x)[\dot{\xi} - (x-x_G)\dot{\theta} + V\theta] \qquad (4-33)$$

（3）附连质量产生的惯性力：

$$\frac{\mathrm{d}F_{z3}}{\mathrm{d}x} = -m(x)[\ddot{\xi} - (x-x_G)\ddot{\theta} + 2V\dot{\theta}] +$$

$$V\frac{\mathrm{d}m(x)}{\mathrm{d}x}[\dot{\xi} - (x-x_G)\dot{\theta} + V\theta] \qquad (4-34)$$

（4）自身质量惯性力：

$$\frac{\mathrm{d}F_{z4}}{\mathrm{d}x} = -\frac{w(x)}{g}\{\ddot{\xi} - (x-x_G)\ddot{\theta}\} \qquad (4-35)$$

式中：$b(x)$，$n(x)$，$m(x)$，$w(x)$ 分别为剖面 $A-A'$ 的宽度、法向矢量、垂荡附连质量系数和单位厚度的重量。

将上述力沿船长积分得到船上的辐射垂荡力和纵摇力矩，即

$$F_Z = \int \left(\frac{\mathrm{d}F_{z1}}{\mathrm{d}x} + \frac{\mathrm{d}F_{z2}}{\mathrm{d}x} + \frac{\mathrm{d}F_{z3}}{\mathrm{d}x} + \frac{\mathrm{d}F_{z4}}{\mathrm{d}x}\right)\mathrm{d}x \qquad (4-36)$$

$$M_Z = \int (x-x_G)\left(\frac{\mathrm{d}F_{z1}}{\mathrm{d}x} + \frac{\mathrm{d}F_{z2}}{\mathrm{d}x} + \frac{\mathrm{d}F_{z3}}{\mathrm{d}x} + \frac{\mathrm{d}F_{z4}}{\mathrm{d}x}\right)\mathrm{d}x \qquad (4-37)$$

剖面 $A-A'$ 所受到的垂向波浪扰动力为

（1）弗劳德—克雷洛夫力：

$$\frac{\mathrm{d}F_{E31}}{\mathrm{d}x} = \rho g b \xi_A \mathrm{e}^{-kT^*} \frac{\sin\left(k\frac{b}{2}\sin\chi\right)}{k\frac{b}{2}\sin\chi} \mathrm{e}^{-\mathrm{i}(kx\cos\chi + kVt\cos\chi) + \mathrm{i}\omega_0 t} \qquad (4-38)$$

（2）绕射力与速度同相位的分量：

$$\frac{\mathrm{d}F_{E32}}{\mathrm{d}x} = \mathrm{i}\omega_0 n(x)\xi_A \mathrm{e}^{-kT^*} \frac{\sin\left(k\frac{b}{2}\sin\chi\right)}{k\frac{b}{2}\sin\chi} \mathrm{e}^{-\mathrm{i}(kx\cos\chi + kVt\cos\chi) + \mathrm{i}\omega_0 t} \qquad (4-39)$$

（3）绕射力与加速度同相位的分量：

$$\frac{\mathrm{d}F_{E33}}{\mathrm{d}x} = -\omega_0^2 m(x)\xi_A \mathrm{e}^{-kT^*} \frac{\sin\left(k\frac{b}{2}\sin\chi\right)}{k\frac{b}{2}\sin\chi} \mathrm{e}^{-\mathrm{i}(kx\cos\chi + kVt\cos\chi) + \mathrm{i}\omega_0 t} -$$

$$i\omega_0 V \frac{dm(x)}{dx} \xi_A e^{-kT^*} \frac{\sin\left(k\frac{b}{2}\sin\chi\right)}{k\frac{b}{2}\sin\chi} e^{-i(kx\cos\chi + kVt\cos\chi) + i\omega_0 t} \quad (4-40)$$

式中：T^* 为平均吃水 $T^* = s_0/b$；s_0 为切片剖面面积；b 为水线面宽度。

将以上波浪力沿船长积分得到船上垂荡的波浪扰动力和波浪扰动力矩，即

$$F_{E3} = \int \left(\frac{dF_{E1}}{dx} + \frac{dF_{E2}}{dx} + \frac{dF_{E3}}{dx}\right) dx \quad (4-41)$$

$$M_{E5} = \int (x - x_G)\left(\frac{dF_{E31}}{dx} + \frac{dF_{E32}}{dx} + \frac{dF_{E33}}{dx}\right) dx \quad (4-42)$$

经整理，运动方程式(4-28)中的各系数如表4-1所列。

表4-1 垂荡和纵摇耦合运动方程式中的系数

m_{33}	m_{35}	m_{53}	m_{55}	N_{33}
$\int m(x)dx$	$-\int(x-x_G)m(x)dx$	m_{35}	$\int(x-x_G)^2 m(x)dx$	$\int n(x)dx - V[m(x)]$
N_{35}	N_{55}	N_{53}	C_{33}	C_{35}
$-\int(x-x_G)n(x)dx - V\int m(x)dx + V[(x-x_G)m(x)]$	$\int(x-x_G)^2 n(x)dx - V[(x-x_G)2m(x)]$	N_{35}	$\rho g \int b(x)dx$	$-\rho g \int(x-x_G)b(x)dx + V\int n(x)dx + V^2 m(x)$
C_{53}	C_{55}	E_3		E_5
$\rho g \int(x-x_G)b(x)dx$	$\rho g \int(x-x_G)^2 b(x)dx - V\int(x-x_G)n(x)dx + V^2\{\int m(x)dx - [(x-x_G)m(x)]\}$	$\rho g \int C_1 C_2 e^{-ikx\cos\chi}\{b(x) - \omega_0[\omega m(x) - in(x)]\}dx + i\omega_0 V[C_1 C_2 m(x) e^{-ikx\cos\chi}]$		$\int C_1 C_2 e^{-ikx\cos\chi}(x-x_G)\{\rho g\, b(x) - \omega_0[\omega m(x) - in(x)]\} + i\omega_0 V m(x)\}dx - i\omega_0 V[C_1 C_2 m(x)(x-x_G)e^{-ikx\cos\chi}]$

其中：$C_1(x) = \dfrac{\sin\left(k\frac{b}{2}\sin\chi\right)}{k\frac{b}{2}\sin\chi}$，$C_2(x) = e^{-kT^*}$。

2) 横向运动的普通切片法

横荡、横摇和首摇运动的切片法与纵向运动的切片法类似，运动方程中各系数见相关文献[3]。

3) 纵荡运动的普通切片法

若考虑船体为细长体，纵荡辐射力可忽略，波浪力主要为傅汝德—克雷洛夫(Froude-Krylov)力，由此方程式中系数

$$m_{11} = 0, \qquad N_{11} = 0 \qquad (4-43)$$

$$E_1 = \rho g \iint_{S0} e^{-kz - \mathrm{i}(kx\cos\chi + ky\sin\chi)} \mathrm{d}S_0 \qquad (4-44)$$

式中：S_0 为最大面积横剖面。

自从切片理论在船舶设计和船舶流体力学界普及以来已经半个多世纪了。切片理论有许多形式，如新切片法（NSM）和萨尔维森法（STFM）等。虽然切片理论的某些局限性相当严重，譬如：①由于基于细长体假设，切片理论不能给出船舶纵荡的任何信息；②由于高频假定，漂移力和首摇力矩预测不准，随浪和尾随浪下波浪载荷的估算结果更差[4]。然而直到今天，相对而言切片理论仍然是实用而有效的，也是应用非常广泛的。

3. 三维势流理论

求解船舶运动的三维势流理论，有两种基本方法：频域方法和时域方法。频域方法适于运动方程各主要系数均为频率函数的线性形式的解；时域方法则采用直接数值求解运动方程的方法，可计入全部非线性项。目前较为成熟的是频域方法。以下介绍基于线性势流理论的频域方法。

船舶在波浪中运动，流体总速度势可分解为入射波势 ϕ_I、绕射波势 ϕ_S 和散射波势 ϕ_T，即

$$\phi = \phi_I + \phi_S + \phi_T \qquad (4-45)$$

其中，入射波势是已知的。

在线性理论框架下，绕射波势和散射波势相应的边值问题为

$$\nabla^2 \phi_S = 0 \qquad \text{在流体域内} \qquad (4-46)$$

$$\frac{\partial^2 \phi_S}{\partial t^2} + g\frac{\partial \phi_S}{\partial z} = 0 \qquad \text{在静水面上} \qquad (4-47)$$

$$\frac{\partial \phi_S}{\partial n} = -\frac{\partial \phi_I}{\partial n} \qquad \text{在物面上} \qquad (4-48)$$

$$\nabla \phi_S = (0,0,0) \qquad \text{在无穷远处} \qquad (4-49)$$

和

$$\phi_T = \sum_{j=1}^{6} x_j \phi_j \qquad (j = 1,2,\cdots,6) \qquad (4-50)$$

$$\nabla^2 \phi_j = 0 \qquad \text{在流体域内} \qquad (4-51)$$

$$-\omega^2 \phi_j + g\frac{\partial \phi_j}{\partial z} = 0 \qquad \text{在静水面上} \qquad (4-52)$$

$$\frac{\partial \phi_j}{\partial n} = -\mathrm{i}\omega n_j \qquad \text{在物面上} \qquad (4-53)$$

$$\nabla \phi_S = (0,0,0) \qquad \text{在无穷远处} \qquad (4-54)$$

通过类似求解兴波阻力问题的面元法离散求解以上边值问题,得到流体绕射势和散射势,进而得到 Froude-Krylov 力、波浪扰动力和散射力,即

$$F_j^I = -\iint_S \rho \frac{\partial \phi_I}{\partial t} n_j dS \qquad (4-55)$$

$$F_j^S = -\iint_S \rho \frac{\partial \phi_S}{\partial t} n_j dS \qquad (4-56)$$

$$F_j^T = -\iint_S \rho \frac{\partial \phi_T}{\partial t} n_j dS \qquad (4-57)$$

式中:j 为第 j 个运动自由度相应的力分量。

附加质量系数和阻尼系数为

$$m_{ij} = \text{Im}\left[-\frac{1}{\omega}\rho\iint_S n_i \phi_j dS\right] \qquad (4-58)$$

$$N_{ij} = \text{Re}\left[\rho\iint_S n_i \phi_j dS\right] \qquad (4-59)$$

将附加质量系数和阻尼系数代入船舶在波浪中的运动方程,就可得到船舶在波浪中的 6 个自由度运动。

4.2.3 操纵性能分析

船舶操纵性主要研究船舶保持和改变其航速、航向及位置的能力,与船舶的安全性和经济性密切相关,对船舶操纵性的分析主要包括小舵角的航向稳定性、中舵角的航向机动性和大舵角的紧急规避性。

1. 操纵运动数学模型

船舶航行时,受诸多环境因素的影响和制约,其中风、流、浪的影响比较明显。在静水船舶操纵运动数学模型的基础上,在方程右端加入外界干扰力,建立水面船三自由度操纵运动方程:

$$\begin{cases} (m_0 + m_x)\dot{u} - (m_0 + m_y)vr = X_H + X_R + X_P + X_{\text{External}} \\ (m_0 + m_y)\dot{v} + (m_0 + m_x)ur = Y_H + Y_R + Y_P + Y_{\text{External}} \\ (I_z + J_{zz})\dot{r} = N_H + N_R + N_P + N_{\text{External}} \end{cases} \qquad (4-60)$$

式中:m_x、m_y、I_z、J_{zz} 分别为船舶的附加质量和惯性矩;X、Y、N 分别为船舶所受的纵向力、横向力及力矩;下标 H、R、P、External 分别表示船体、舵、桨和外部干扰的作用力,外部干扰力主要包括风、流、浪的影响。

2. 计算船体操纵水动力的面元法[5]

假设船舶在水平面内作定常斜航运动,平移速度为 V_s,漂角为 β,采用如图 4-6 所示随船坐标系。

势流假设下,流体速度势满足与兴波阻力一样的定解方程式(4-1)~

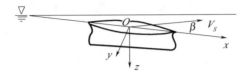

图 4-6 坐标系

式(4-5),与兴波定解问题不同的是,这里 V_S 为斜航速度。

1) 忽略自由表面兴波的三维计算方法

当船舶航行所兴起波浪的波陡较小和船体浮态变化可以忽略时,可以将自由表面认为是固壁,自由面条件为在静水面上满足固壁条件,即

$$\frac{\partial \phi}{\partial z} = 0 \quad (z = 0) \tag{4-61}$$

由于当船舶作操纵运动时,在流体黏性的影响下船尾流动易发生分离,在船尾应提出尾涡模型。简化的尾涡模型为:假设流动沿船底龙骨线分离,分离流用龙骨处泄出的尾涡片表示,在尾涡片上应满足穿过尾涡片的压力连续和法向速度连续的边界条件,则

$$P^+ = P^-, \left.\frac{\partial \phi}{\partial n}\right|^+ = \left.\frac{\partial \phi}{\partial n}\right|^- \tag{4-62}$$

式中:上标 +、- 分别为尾涡片两侧。

同时分离线处还应满足库塔条件。

2) 计及自由表面兴波和浮态变化影响的三维计算方法

类似于非线性兴波问题,自由表面条件需作线性化迭代处理。将流体速度势 ϕ 分解为由船舶纵向运动速度 u 引起的关于中纵剖面对称的部分 ϕ_1 和由横向速度 v 引起的关于中纵剖面反对称的部分 ϕ_2 两部分,即

$$\phi = \phi_1 + \phi_2 \tag{4-63}$$

在漂角很小的情况下,线性化的自由面边界条件迭代格式如下:

$$\{2[A - \nabla(V_S \nabla \phi_1) + WB]\} \cdot \nabla \phi_2 + \boldsymbol{W} \cdot [(\boldsymbol{W} \cdot \nabla) \nabla \phi_2] + g\phi_{2z}$$
$$= B\left[\frac{1}{2}\phi_1\phi_1 + gz - \boldsymbol{W} \cdot (\boldsymbol{W} \cdot \nabla) \nabla \phi_1 + g\phi_{1z}\right] \tag{4-64}$$

$$\xi = Z + \frac{\boldsymbol{W} \cdot (\nabla \phi_1 + \nabla \phi_2) - \frac{1}{2} \nabla \phi_1 \cdot \nabla \phi_2 - gZ}{g - \boldsymbol{W} \cdot \nabla \phi_{1z}} \tag{4-65}$$

式中:$\boldsymbol{W} = \nabla \phi_1 - V_S$;$A = \nabla\left(\frac{1}{2}\nabla \phi_1 \cdot \nabla \phi_1\right)$;$B = \dfrac{\dfrac{\partial}{\partial z}\{\boldsymbol{W} \cdot [A - \nabla(V_S \nabla \phi_1)]\} - g\phi_{1z}}{g - \boldsymbol{W} \cdot \nabla \phi_{1z}}$。

物面条件作相应处理,则

$$\nabla \phi \cdot \boldsymbol{n} = vn_1 g - (\nabla \phi_1 \cdot \boldsymbol{n} - un_1) \tag{4-66}$$

根据伯努利方程式(4-12),压力相等的库塔条件也为非线性的,根据 ϕ_1 的对称性和 ϕ_2 的反对称性,库塔条件可线性化处理为

$$\nabla \phi_1^{(+)} \cdot \nabla \phi_2^{(+)} - u\phi_{(2,1)}^{(+)} = v\phi_{1,2}^{(+)} \tag{4-67}$$

式(4-64)和式(4-65)关于 ϕ_2 是线性的,若 Z 和 ϕ_1 已知,则可求解 ϕ_2 的定解问题。Z 和 ϕ_1 的求解属于非线性兴波问题的计算,在兴波问题求解部分已有介绍。

3)船体操纵水动力

通过离散求解以上定解问题,得到流体速度势,根据伯努利方程得到流体动压力,将动压力沿船体湿表面积分即得到船体水动力。

对于忽略自由表面影响的船舶操纵运动水动力问题,船体表面动压力为

$$p = \frac{\rho}{2}(V_s - \nabla \phi \cdot \nabla \phi) \tag{4-68}$$

作用于船体上的横向力和转首力矩分别为

$$Y_H = \iint_{SB} pn_2 \mathrm{d}s \tag{4-69}$$

$$N_H = \iint_{SB} p(xn_2 - yn_1) \mathrm{d}s \tag{4-70}$$

假设船体作小角度斜航,船体线性水动力导数可用下式求解,即

$$Y_v = -\frac{Y_H}{V_s \beta}, \quad N_v = -\frac{N_H}{V_s \beta} \tag{4-71}$$

对于计及自由表面和船体浮态变化影响的船舶操纵运动水动力问题,船体表面压力为

$$p = p_s + p_a \tag{4-72}$$

式中:$p_s = \rho\left(u\phi_{1,1} - \frac{1}{2}\nabla \phi_1 \cdot \nabla \phi_1 + v\phi_{2,2} + gz\right)$;$p_a = \rho\left(u\phi_{1,2} - \frac{1}{2}\nabla \phi_1 \cdot \nabla \phi_2 + u\phi_{2,1}\right)$。

作用于船体上的横向力和转首力矩分别为

$$Y_H = \iint_{SB} p_a n_2 \mathrm{d}s \tag{4-73}$$

$$N_H = \iint_{SB} p_a(xn_2 - yn_1) \mathrm{d}s \tag{4-74}$$

3. 船舶操纵水动力黏性流方法

通过构建求解船体黏性绕流问题的 RANS 求解模型,运用有限体积法离散求解流场的流速和压力分布,从而通过船体湿表面的压力和切应力积分得到船体操纵运动水动力。

与船体黏性阻力计算模型不同的是,操纵运动的船体绕流场关于船舶中纵剖面不再对称,计算流体域不能只采用船体的一侧,船体两侧流场均应为计算的流体域。

4. 船舶操纵运动预报

应用上述的计算方法,计算船体操纵水动力,舵力、螺旋桨力及外环境的风、流和浪环境力根据适当的计算模型得到[5],采用龙格—库塔积分方法求解操纵运动数学模型式(4-60),实现船舶操纵运动仿真。

通过模拟船舶的回转运动和Z形操纵运动,可得到船舶回转直径、纵距、超越角以及K、T指数等船舶操纵性衡准指标。

4.3 船舶水动力性能多学科设计优化集成

根据4.2节所述的基本理论,分别开发耐波性分析程序、操纵性分析程序,实现对耐波性指标及操纵性指标的数值预报,其预报精度可通过模型试验得到验证。对船型阻力的分析主要采用商业软件Shipflow实现,经过大量的算例及模型试验表明,该软件的计算精度是有保证的,可以反映出船型变化的趋势。为使上述分析程序能应用到船型MDO当中,需要解决另一关键技术,即实现各性能分析程序与船体曲面变形模块之间的数据集成和过程集成。因此,本书选用美国Engineous Software公司开发的集成框架iSIGHT实现设计、分析程序的集成。关于iSIGHT软件的详细介绍请读者参考7.2.1节。

4.3.1 数据集成

MDO是一种权衡各学科的性能指标后进行综合分析的设计方法,各学科均有各自成熟的计算理论和分析程序,但相对较少考虑相互之间的集成,以致在进行MDO时,各学科之间的数据不能很好地衔接。数据集成的目的是解决不同学科分析程序间的数据通路问题。在船舶水动力性能MDO过程中,主要包括以下几个方面的数据集成。

(1) 船体曲面变形模块与多学科优化软件iSIGHT的数据集成。包括系统设计变量与iSIGHT之间的相互传递。利用iSIGHT的文件解析功能,可对船体曲面变形模块的配置文件进行分析,提取设计参数,实现设计参数的变量化,将设计参数转化为MDO环境中的变量参数,使其可以动态调整;变量参数值调整后,iSIGHT自动更新配置文件,并利用船体曲面变形模块更新船舶几何模型,从而实现iSIGHT到配置文件的数据传递,如图4-7和图4-8所示。

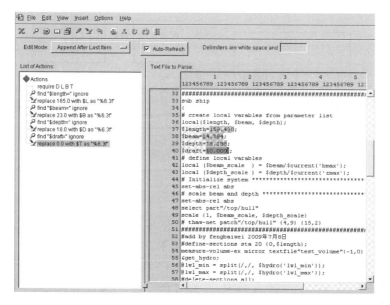

图 4-7 设计变量与船体曲面变形模块配置文件的数据传递操作

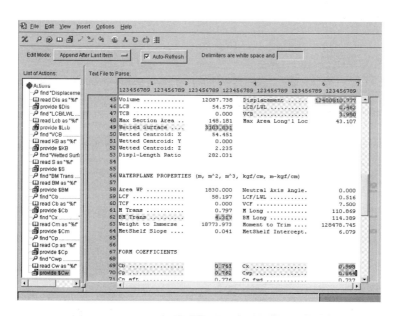

图 4-8 iSIGHT 解析器提取静水力计算输出结果

(2) 船体曲面变形模块与各性能分析程序之间的数据集成。通过模型生成器的开发,实现船体曲面变形模块与各性能分析程序之间的数据集成,如图 4-9 所示。相关的研究内容已在第 3 章中进行了介绍。

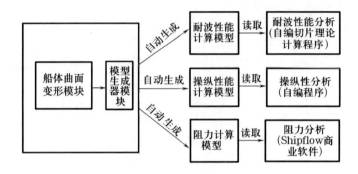

图4-9 船体曲面变形模块与性能分析程序的数据集成

（3）性能分析程序与 iSIGHT 之间的数据集成。两者之间的数据集成主要包括利用 iSIGHT 解析提取各性能的计算结果、iSIGHT 根据优化策略利用新设计方案的数据更新各性能计算的输入参数。各性能分析程序计算完成后均可将计算分析的结果输出到文本文件中，再利用 iSIGHT 的文件解析功能从文本文件中提取计算结果，使其成为多学科优化环境中的被评价参数。根据评价结果通过 iSIGHT 的文件解析器参数化修改各性能计算的输入参数，如图4-10和图4-11所示。

图4-10 设计变量与阻力计算输入文件的数据传递

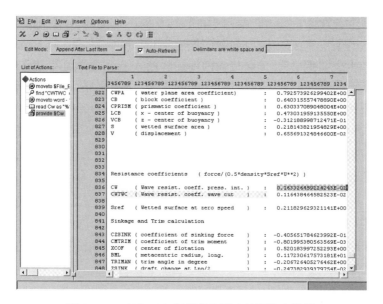

图4-11 iSIGHT解析器提取阻力计算输出结果

4.3.2 过程集成

基于CFD的船型优化是一个反复迭代的过程,尽量避免对优化过程的人工干预,可以加快优化速度,提高优化效率。通常优化设计流程是根据事先制定好的优化方案自动进行优化计算和评判的,因此在实现数据集成的基础上需要将水动力计算分析和优化评判等过程进行集成。主要需要有以下几个方面的集成。

1. 船型设计及分析程序的集成

为使优化设计过程能最大限度地自动执行,以提高效率,需将船型设计和性能分析流程在iSIGHT框架下进行集成。在iSIGHT框架下,通过以命令行参数方式执行脚本命令,驱动船型设计及性能分析程序的自动调用,从而实现过程集成,图4-12所示为仿真程序在iSIGHT中的集成运行示意图。

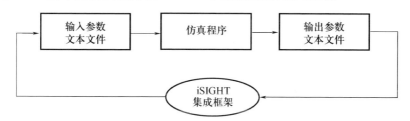

图4-12 仿真程序在iSIGHT中的集成运行示意图

1) 船体曲面变形模块的集成

将船体曲面变形模块集成到iSIGHT集成框架中,首先把船体曲面变形模块及模型生成器模块的自动调用编写为批处理文件(∗.bat),其次利用 iSIGHT 的集成机制将两模块集成。优化时系统执行 ∗.bat 文件,先后调用船体曲面变形模块及模型生成器模块,并同时读取两模块的输入参数文本文件,执行完成后再输出计算模型供其他的分析程序使用,如图 4-13 所示。在 iSIGHT 框架中的集成实现如图 4-14 所示。

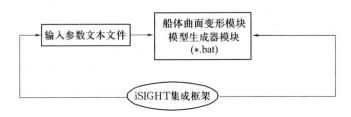

图 4-13　船体曲面变形模块的集成实现示意图

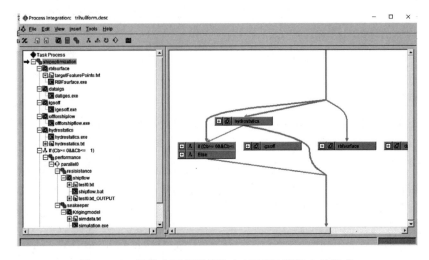

图 4-14　船体曲面变形模块在 iSIGHT 框架中的集成

2) 性能分析程序的集成

耐波性及操纵性的分析均是自编的程序,因此其集成方法与船体曲面变形模块在 iSIGHT 上的集成实现是一样的,如图 4-15、图 4-16 及图 4-17 所示。因此,这里重点介绍阻力计算软件 Shipflow 的集成。该软件可以直接在 DOS 环境下调用,而且输入、输出均为文本文件,在整个运行过程中,不需要人机交互,这些特点均给集成带来很大的方便性。

Shipflow 软件在运行时会调用两个文件:一个为网格定义及计算条件设置文件;另一个为计算模型文件。运行过程中根据这两个文件的定义自动划分网格并迭代计算,最后将结果写入文本文件中,如图 4-18 所示。

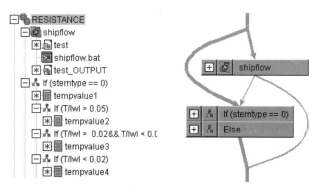

图 4-15 Shipflow 软件在 iSIGHT 上的集成实现

图 4-16 耐波性分析程序在 iSIGHT 上的集成实现

图 4-17 操纵性分析程序在 iSIGHT 上的集成实现

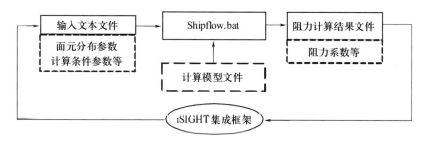

图 4-18 Shipflow 软件的集成实现示意图

2. 优化结果的自动评判分析

在计算分析流程集成的基础上,需要集成综合评判流程,才能最终实现系统集成。优化结果评判包括指定优化评判目标与策略和执行结果评判。优化评判目标与策略主要指在 iSIGHT 环境下,通过多层次任务定制,指定设计目标权重、选取目标参数优化范围、选取合适的优化算法等。优化执行结果评判是船舶水动力分析结束后,根据所选定的优化算法对目标参数进行评判,以及根据评判结果对设计变量进行自动调整,如图 4 – 19 和图 4 – 20 所示。

图 4 – 19　优化算法定义

	Parameter	Var	Obj	Type	Lower Bound		Current Value		Upper Bound
1	x1			REAL	-0.1	≤	-0.0708659743890	≤	0.18
2	z1			REAL	0.19	≤	0.19204394441796	≤	0.28
3	y2			REAL	0.09	≤	0.10546010683290	≤	0.18
4	y3			REAL	0.1	≤	0.16977954237372	≤	0.195
5	y4			REAL	0.2	≤	0.29227468476165	≤	0.3
6	y5			REAL	0.22	≤	0.30100064606871	≤	0.4
7	y6			REAL	0.42	≤	0.44981268811505	≤	0.6
8	y7			REAL	0.04	≤	0.18201490450650	≤	0.24
9	y8			REAL	0.26	≤	0.34923586726188	≤	0.5
10	y9			REAL	0.01	≤	0.01013464381918	≤	0.05
11	y10			REAL			0.0		
12	y11			REAL			0.0		
13	y12			REAL			0.0		
14	y13			REAL			0.0		
15	y14			REAL			0.0		
16	y15			REAL			0.0		
17	fn			REAL			0.183		
18	lwl			REAL			0.0		
19	minlwl			REAL			0.0		
20	Dis			REAL			0.0		
21	Lcb			REAL			0.0		
22	At			REAL			0.0		
23	s			REAL			0.0		
24	BM			REAL			0.0		

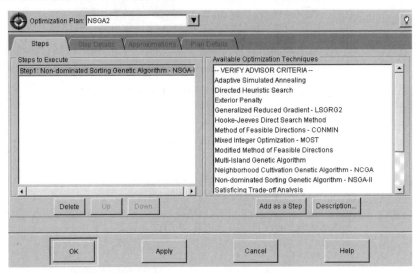

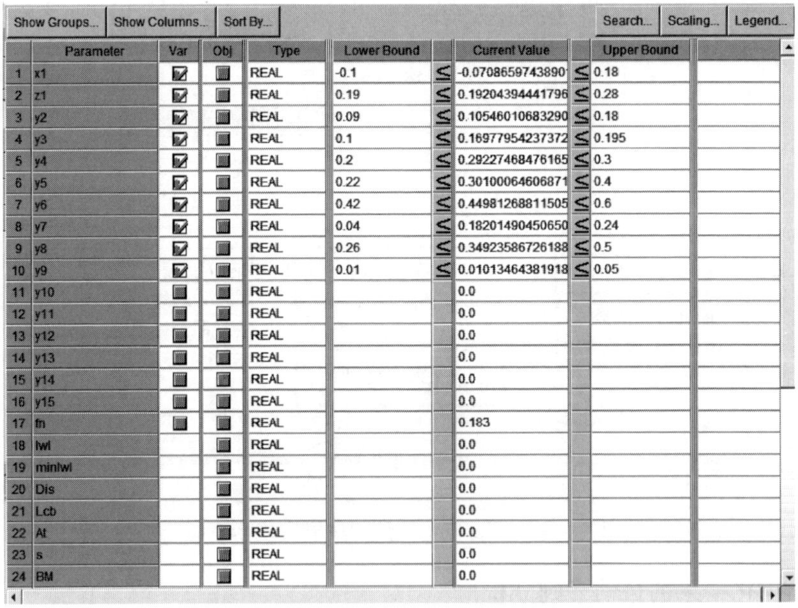

图 4 – 20　设定设计变量的变化范围

通过以上的数据集成和过程集成,可得出如图 4-21 所示的基于 CFD 的船型 MDO 流程。

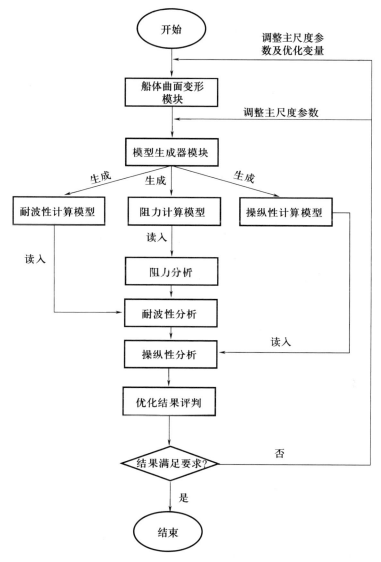

图 4-21 基于 CFD 的船型 MDO 流程

4.4 多学科设计优化解耦方法

船型 MDO 是一个复杂的系统工程,各性能之间存在着紧密的耦合关系。对船型优化而言,这种耦合主要体现在设计变量的耦合,对这样的优化问题往往需要大量计算才能够完成一次可行设计,而这种巨大的计算复杂性又意味着难以进行有效的优化设计。因此,必须对优化系统进行重构,将庞大而难以处理的复杂工程系统设计优化问题进行某种程度的分解,将其转化为多个易于处理的子问题并行优化。目前,国际上普遍认可优化系统重构的方法主要有多学科可行方法(multidisciplinary feasible,MDF)、单学科可行方法(individual discipline feasible,IDF)、协同优化算法(collaborative optimization,CO)、并行子空间优化算法(concurrent subspace optimization,CSSO)。下面简单介绍各方法的实现原理,更详细的介绍请读者参考相关的文献[6]。

4.4.1 多学科可行方法

MDF 是解决 MDO 问题最常用的方法,也称为 All-in-One 方法。在这种方法中,需要提供设计变量 X_D,通过执行一个完全的多学科分析(multidiscipline analysis,MDA)确保多学科的一致性,利用 X_D 获得系统经过 MDA 分析后的输出变量 $U(X_D)$,然后利用 X_D 和 $U(X_D)$ 对目标函数 $F(X_D,U(X_D))$ 和约束函数 $g(X_D,U(X_D))$ 进行评估。MDF 优化模型表述如下:

最小化:$F(X_D,U(X_D))$

满足:$\begin{cases} g_i(X_D,U(X_D)) \leq 0 & (i=1,2,\cdots,m) \\ h_j(X_D,U(X_D)) = 0 & (j=1,2,\cdots,n) \\ X_L \leq X_D \leq X_U \end{cases}$

图 4-22 为 MDF 方法优化过程中的数据流。其中 m_{ij} 是样条系数,其是通过对学科 j 的输出进行 F_{ij} 处理后获得的,F_{ij} 是插补或者逼近系数,映射 E_{ij} 是对样条的评估,代表从学科 j 到学科 i 的映射。

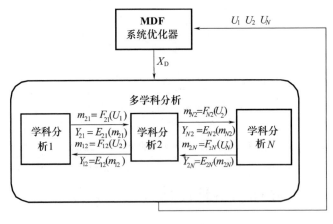

图 4-22 MDF 模型

如果用基于梯度的方法来解决上面的问题,那么就不必在每次迭代中都进行 MDA 分析,而是在需要对导数进行评估的各迭代点上才进行 MDA 分析。在实际应用中,完全达到多学科的一致性是十分困难的。

MDF 的主要缺点是计算耗费大,每次优化迭代都需要执行一次完全的 MDA 分析,难于应用于实际工程系统的设计中,另外由于设计点的可行性不能保证,所以 MDF 无法避免优化失败的可能。MDF 的优点是不需要辅助的耦合变量,设计变量较少。

4.4.2 单学科可行方法

单学科可行方法是 E.J.Cramer 等提出来的,它提供了一种在优化时避免完全 MDA 分析的途径。IDF 保留了单学科的可行性,同时通过控制学科之间一致性约束,驱动单学科向多学科的可行性和最优性逼近,也就是通过耦合变量将各单个学科的分析与系统整体优化连接起来。在 IDF 中,学科间通信或耦合的参数被作为优化变量对待,事实上它们就是单个学科分析解决问题时的设计变量。IDF 优化模型表述如下:

$$最小化: F(X_D, U(X))$$

$$满足: \begin{cases} g_i(X_D, U(X_D)) \leqslant 0 & (i = 1,2,\cdots,m) \\ h_j(X_D, U(X_D)) = 0 & (j = 1,2,\cdots,n) \\ C(X) = X_m - \overline{m} = 0 \\ X_L \leqslant X \leqslant X_U \end{cases}$$

式中: X_D 为设计变量; X_m 为学科间耦合变量; $C(X)$ 为学科间一致性约束。

在实际应用中,通常令 $J_j = C_j^2 \leqslant 0.0001, j = 1,2,\cdots,$ 学科数。图 4-23 为 IDF 的模型图。

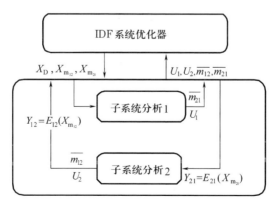

图 4-23 IDF 模型

由于 IDF 不需要完全的多学科分析,所以学科(子系统)分析能够并行执行,保持了学科分析的自治性。IDF 适合于处理松耦合的复杂工程系统,对于紧耦合系统效果较差。IDF 的缺点主要是优化迭代的每一步都要重新计算,另外所有约束都在系统级处理,学科分析和学科约束人为分离,忽略了学科整体性需求。

4.4.3 协同优化算法

协同优化算法是由 I. Kroo 等在一致性约束优化算法基础上提出的一种两级 MDO 算法,其基本思想是每个子空间在设计优化时可暂时不考虑其他子空间的影响,只需满足本子系统的约束,它的优化目标是使该子系统设计优化方案与系统级优化提供的目标方案的差异最小。各个子系统设计优化结果的不一致性,通过系统级优化来协调,通过系统级优化和子系统优化之间的多次迭代,最终找到一个一致性的最优设计。CO 的顶层为系统级优化器,对多学科变量进行优化(系统级的设计变量 Z)以满足学科间约束的一致性 J^* 和最小化系统目标 F。每个子系统优化器在子空间设计变量 X_i 子集与子空间分析的计算结果 Y_j 间以最小均方差作为子系统优化目标进行优化。在满足子空间约束 g_j 的同时,求系统级设计变量 Z。在子空间优化过程中,系统级设计变量 Z 作为固定值来处理。由于对子空间分析 j 的重要性,学科设计变量 X_{sj} 与学科间交叉设计变量 X_j 都在子空间分析中使用。实际应用中,学科间一致性约束 J_j 通常采用不等式处理,J_j 定义如下:

$$J_j = |X_j - Z_j^s|^2 + |Y_j - Z_j^c|^2$$

式中:Z_j^s 为系统设计变量;Z_j^c 为系统耦合变量。

CO 模型如图 4-24 所示。

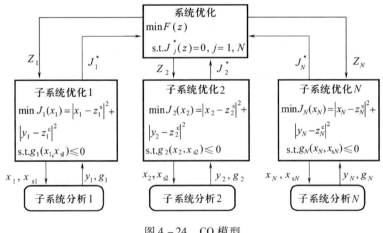

图 4-24 CO 模型

在 IDF 方法中,每个子空间(子系统)只进行分析,而在 CO 中每个子空间不仅进行分析,还进行设计优化。CO 的优点是消除了复杂的系统分析,各个子系统能并行地进行分析和优化。虽然 CO 的收敛性还没有得到严格的证明,但现有的应用实例表明 CO 的收敛性是可靠的。研究表明,CO 不仅实现了并行设计,而且能发现更好的设计方案。然而,虽然 CO 消除了复杂的系统分析,但子系统优化目标不直接涉及整个系统的目标值。另外,许多算例表明 CO 会使子系统分析的次数大大增加,因此总的计算量很有可能并不减少。此外,这种方法只有当系统级所有的等式约束满足时,才找到一个可行的优化解,而不像并行子空间优化算法每次迭代都能在可行域内找到一个更好的设计结果。CO 和 IDF 一样主要适合于处理子系统变量远远多于学科间交叉变量的情况,即适合于解决具有松散耦合情况的设计问题。

4.4.4 并行子空间优化算法

CSSO 最早是由 J. Sobieszczanski-Sobieski 提出来的,后来 Renaud 和 Batill 等改进和发展了这种方法。CSSO 是一种非分层的系统优化方法,用来并行优化分解后的子空间,然后对其中的不一致性进行协调,用以指导优化问题收敛并且解决子空间之间的冲突。在 CSSO 中,每个子空间优化问题都是系统水平的优化问题。子空间设计变量是系统设计变量的子集,是按照学科进行分解的。为了增加子空间对优化过程的影响,在每个子空间都有子空间优化器。在子空间的优化过程中,通过使用全局敏感性方程(GSE)对目标函数和约束函数进行逼近评估,建立子空间目标函数与系统目标函数之间的关联。子空间的约束包括学科约束和学科一致性约束。CSSO 使每个循环中的 MDA 变得可行,将所有设计变量在系统水平同步进行处理,优化过程在子空间优化和系统级优化间交替进行。CSSO 的优化模型如图 4-25 所示。

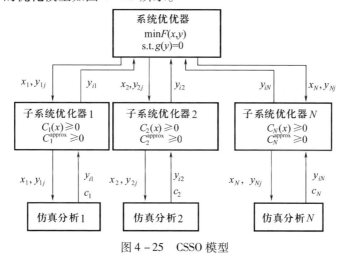

图 4-25 CSSO 模型

在 CSSO 中,每个子空间独立优化一组互不相交的设计变量。在每个子空间(子系统)的优化过程中,凡涉及该子空间的状态变量的计算,用该学科的分析方法进行分析,而其他状态变量和约束则采用基于 GSE 的近似计算。每个子空间只优化整个系统设计变量的一部分,各个子空间的设计变量互不重叠。各个子空间的设计优化结果联合组成 CSSO 的一个新设计方案,这个方案被作为 CSSO 迭代过程的下一个初始值。CSSO 算法除了能够减少系统分析次数,其突出优点就是每个子空间能同时进行设计优化,实现了并行设计的思想,同时通过基于 GSE 的近似分析和协调优化,考虑了各个学科的相互影响,保持了原系统的耦合性。

但由于 CSSO 是基于 GSE 的线性近似,所以子空间设计变量的变化范围较窄。更为严重的是,许多研究表明 CSSO 不一定能保证收敛,会出现振荡现象。另外,子空间中设计变量互不重叠的要求不太合理,因为在实际设计问题中有些设计变量同时对几个子系统的设计都有很大影响。

1. 改进的基于敏感性分析的 CSSO

为了克服 CSSO 的缺陷,Renaud 等提出了一种改进的 CSSO 算法。在改进的 CSSO 算法中,协调方法是通过对系统分析的近似模型进行优化来获得一个新方案,而不是简单地将子空间优化结果叠加在一起。系统分析的近似模型来源于设计数据库,设计数据库来源于每个子空间优化设计后的子系统分析。这个数据库在迭代过程中不断丰富,相应的系统分析的近似模型也不断精确。设计数据库记录了每个子空间的设计结果,而协调方法的功能可看作对各子空间优化结果进行综合和折中处理。改进的 CSSO 算法保持原 CSSO 的优点,同时,由于采用了对系统分析的近似模型进行优化的协调方法,避免了迭代过程的振荡现象。Renaud 等将这一改进 CSSO 应用于机械构件和机电产品的设计,取得满意的结果。后来他们又将这一方法推广到处理子空间设计变量可相交的情况。由于以上两种 CSSO 均需用到 GSE 方程,也即在每个子空间中要求偏导数,所以它们只能局限于连续设计变量的多学科优化问题。

2. 基于响应面的 CSSO

Sellar 等在改进的基于敏感性分析的 CSSO 基础上,提出了基于响应面 CSSO。在这种 CSSO 中,每个子空间优化中所需的其他子系统状态变量和协调方法中系统分析的近似模型均用响应面(人工神经网络)来表达。这个响应面不仅简化了计算量,而且是各个子系统之间进行信息交换的纽带。每个子系统通过这个响应面获取其他子系统状态变量的近似值,并且把本子系统的设计优化结果作为进一步构造响应面的设计点。随着算法迭代过程的展开,系统响应面的精确度不断提高,直到系统设计变量收敛为止。实际上,在这个算法中,各个子系统并不一定要进行优化,只需给出一个设计方案即可。因此,这种算法后来发展为并行子空间设计算法(concurrent subspace design,CSD)。

由于基于响应面 CSSO 不需要进行系统敏感性分析,因此它为解决具有混合变量的多学科设计优化问题提供了一条有效的途径。响应面方法给 MDO 带来的另一个优点是可以消除系统分析的数值噪声。但是,CSD 也存在缺陷:当设计变量和状态变量的数量增大时,其训练人工神经网络的时间将增加,人工神经网络逼近分析模型的精度还有待进一步研究。另外,构造系统分析的响应面也会增加系统分析的次数。

4.5 船型优化系统的重构

对比各种不同的解耦方法,图 4-21 表示的 MDO 流程实际上是一种 MDF 的系统结构,如图 4-26 所示。由图可以看到该方法的系统结构包括一个优化器和一个多学科分析过程,船舶的阻力分析、耐波性分析、操纵性分析是按照一种串行的顺序依次执行,系统层的设计变量均为各子学科的设计变量,如船长(L)、船宽(B)、型深(D)、船型局部参数等。所有学科的分析指标都作为系统的优化目标。采用 MDF 的这种系统结构,完成一次迭代计算需要分别执行船体曲面变形、阻力分析、操纵性分析、耐波性分析,这种串行的方式必然要花费大量时间,难以有效地进行优化设计。

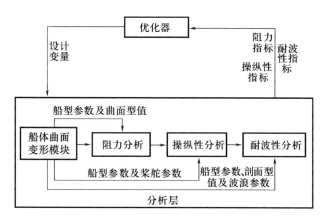

图 4-26 MDF 的优化系统结构

分析整个优化系统的结构,各性能学科之间的耦合主要体现在系统设计变量之间的紧耦合,因此选用 IDF 将图 4-26 所示的优化系统进行重构。具体过程为:将优化系统分解为系统层及子系统层,由于船体曲面变形模块为各性能分析程序提供统一的计算模型,因此,将船体曲面变形模块规划在系统层调用,各性能分析程序规划在子系统层调用。系统层传递船型参数、曲面型值等到子系统层,而子系统层计算的性能指标再反馈到系统层。重新规划后的优化系统结构如图 4-27 所示。

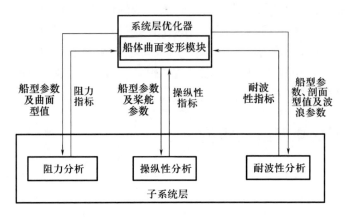

图 4-27　IDF 方法的优化系统结构

按照图 4-27 所示的 IDF 优化系统结构,在 iSIGHT 集成框架上重新规划优化问题,实现船舶水动力性能 MDO 的数据集成及过程集成,如图 4-28 所示。

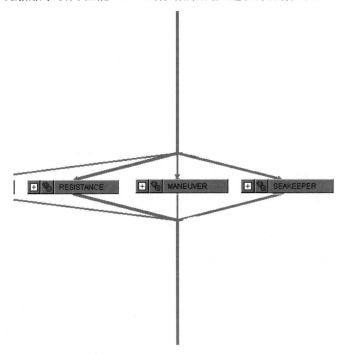

图 4-28　设计分析程序的过程集成

至此,已将船型、阻力、耐波性、操纵性等学科集成于 MDO 系统中,重构后的船型 MDO 流程如图 4-29 所示。如图 4-30 所示为调用 Shipflow 分析软件的阻力计算示例。优化开始时,在 iSIGHT 集成框架下自动调用船体曲面变形模块,参数变换后生成新的船型及供 Shipflow 分析的计算模型,之后再调用 Shipflow 后台分析程序进行阻力计算。图 4-30 中所示的计算模型及面元网格均为自动生成,比原来人工划分网格情形节省了大量的时间,可见实现船型设计及分析程序的集成能够大大提高设计效率,也为船舶水动力性能 MDO 平台开发打下了基础。

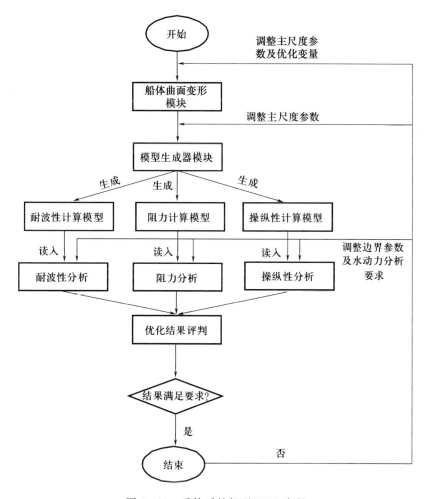

图 4-29 重构后的船型 MDO 流程

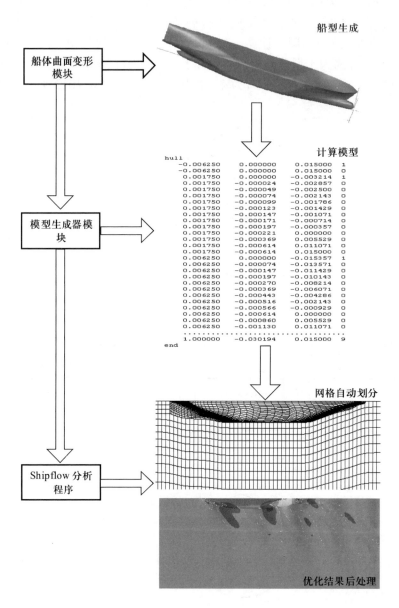

图 4-30 阻力计算示例

参 考 文 献

[1] 王虎,邹早建.一种计算非线性兴波阻力的基于NURBS的高阶面元法[J].船舶力学,2009,13(3):331-337.
[2] 徐海祥,邹早建.赛艇非线性兴波阻力数值计算[C].三亚:第十四届全国水动力学研讨会文集,2000:47-52.
[3] 元诚良三.船舶与海洋构造物动力学[M].苏兴翘,胡云昌,李吉生,等译.天津:天津大学出版社,1992.
[4] 刘应中,缪国平.21世纪的船舶耐波性和波浪预估[J].上海造船,1995,1:1-10.
[5] 吴秀恒,刘祖源,施生达,等.船舶操纵性[M].北京:国防工业出版社,2005.
[6] 钟毅芳,陈柏鸿,王周宏.多学科综合优化设计原理与方法[M].武汉:华中科技大学,2006.

第 5 章 近似方法

船体型线 MDO 问题涉及的学科较多,优化过程中的每一次迭代如果都运用高精度分析软件进行子学科的分析计算,则需要大量的时间,大大降低了优化效率,甚至难以在规定的时间里得到需要的优化结果。本章主要介绍近似方法的原理,为船型 MDO 的实用化提供途径。

5.1 概述

船舶自身的特性以及 MDO 的本质,决定了船舶 MDO 是一个复杂程度很高的问题,其中涉及大量的设计变量和约束条件以及多个优化目标,同时在设计过程中还要考虑各学科之间的耦合,其远比单学科优化复杂得多。

船舶 MDO 通常需要很多次循环计算才有可能得到结果。随着船舶各学科理论的不断发展和计算机技术的突飞猛进,各学科都发展了功能强大的计算分析软件,一方面,采用先进的计算机辅助设计(CAD)软件进行计算或仿真分析需要大量时间,计算成本高昂,所以目前这些软件多作为学科分析工具,在船舶多学科优化中未能充分发挥作用;另一方面,多学科分析计算过程中,往往会出现数值噪声及锯齿响应,如果对这些响应不采取相应的处理,将会导致优化进程无法完成或收敛到错误局部极值点。

近似方法是解决以上问题的有效途径,得到了广泛的应用和发展。近似方法是对试验设计、数理统计和最优化技术的一种综合应用。它通过对学科分析数据进行一次或多次分析,可以得到部分或全部设计空间的模拟,从而得到真实隐式函数的近似函数表达式。近似方法在本质上是通过构造近似函数,将复杂的学科分析从优化进程中分离出来,进行序列优化,多次迭代循环后得到实际问题的近似最优解。通过构造近似函数,可以大大减少 MDO 问题的计算成本。同时,可运用近似方法处理学科之间的耦合关系,得到学科间耦合关系的近似表达,并将其耦合到优化进程中。近似方法与分级优化、分解策略相结合可以提供新的 MDO 问题求解方法。

5.2 近似方法

一般的优化设计问题可简单表述为如下形式的数学问题,即

$$\begin{cases} \min \quad F(X) \quad (X \in R^n) \\ \text{s.t.} \begin{cases} G_j(X) \leq 0 \quad (j = 1,2,\cdots,J) \\ H_k(X) = 0 \quad (k = 1,2,\cdots,K) \\ x_i^l \leq x_i \leq x_i^u \quad (i = 1,2,\cdots,n) \end{cases} \end{cases} \quad (5-1)$$

式中:$F(X)$为目标函数。

$(X \in R^n)$定义了设计空间Ω的一个设计点,设计空间Ω由n个设计变量x_i组成;$G_j(X)$和$H_k(X)$为不等式约束和等式约束;x_i^l和x_i^u为设计变量的下限和上限,也称为边界条件,定义了优化问题的设计空间。

近似概念的基本假设是序列近似子问题的最优解收敛于原优化问题的最优解。能否收敛以及收敛的快慢主要取决于如何构造近似子问题,或者说近似子问题的精度如何。MDO问题通常是复杂非线性的,不同的约束乃至同一约束在不同的设计点处其非线性的程度也是不同的,所以,如何构造高质量的近似子问题的显式或隐式模型,是改善优化过程的收敛性与提高计算效率的关键[1]。

近似方法主要包括两部分内容:一是近似模型形式;二是样本点选取技术。两者相辅相成,缺一不可。因此,本章主要介绍常用的近似模型形式及样本点的选取方法。

5.2.1 响应面模型

响应面方法(response surface methodology,RSM)[2-5]是利用统计学的综合实验技术解决复杂系统输入(变量)与输出(响应)之间关系的一种方法。它的原理是根据已知的一定数量点的实际函数值,通过某种方式建立起与实际问题曲面相同甚至相近的一个曲面。由于其可操作性强的优点,响应面法在实际工程中得到广泛的应用。

Box和Wilson于1951年首先提出RSM这一概念,其原始意思是用一个合适的修匀函数(graduating function)来近似表达一个未知的函数。后来Box、Hunter、Draper等对其进行了更加深入的研究,并将这一概念进一步完善。1966年,Hill和Hunter对响应面法进行了一些初步应用。1987年,Box和Draper把RMS定义为"在经验模型构造和开发中应用的一种统计方法"。1995年,Myers和Montgomery将响应面法定义为"用于开发、改进和优化过程中的统计学和数学技术"。1996年,Khuri和Cornell对响应面方法进行了比较全面的论述。

根据逼近函数形式的不同,可将响应面模型分为多项式响应面模型、Kriging模型、径向基神经网络模型、支持向量机模型等。这里主要介绍多项式响应面模型、Kriging模型和径向基神经网络模型。

1. 多项式响应面模型

多项式响应面模型的基本形式为

$$f(X) = \beta_o + \sum_{i=1}^{m} \beta_i x_i + \sum_{i=1}^{m} \sum_{j \geqslant i}^{m} \beta_{ij} x_i x_j + \cdots \quad (5-2)$$

式中:x_i 为 m 维自变量 x 的第 i 个分量;β_o,β_i 和 β_{ij} 为未知参数,将它们按照一定次序排列,可以构成列向量 $\boldsymbol{\beta}$,求解多项式模型的关键就是求解向量 $\boldsymbol{\beta}$。

把样本点的值代入式(5-2),利用最小二乘法可以求得向量 $\boldsymbol{\beta}$:

$$\boldsymbol{\beta} = [\boldsymbol{X}^T \boldsymbol{X}]^{-1} \boldsymbol{X}^T Y$$

其中

矩阵 $\boldsymbol{X} = \begin{bmatrix} X^1 \\ \vdots \\ X^n \end{bmatrix}$,$X^i(i=1,2,\cdots,n)$ 是由样本点 x^i 的分量按照 $\boldsymbol{\beta}$ 中各对应分量的次序构成的行向量;向量 $\boldsymbol{Y} = (y^1, \cdots, y^n)^T$。

目前,运用得最多的多项式响应面函数形式是 Bucher 和 Bougrund 提出的不含交叉项的二次多项式,它不但在一定程度上考虑了真实失效面的非线性,而且形式简单便于求解,较好地在计算工作量和计算精度之间进行了折中,能够解决较多工程问题,但是不能很好地描述高阶非线性问题,因此不适用于拟合高阶非线性问题。

由于多项式响应面中的待定系数个数,随着变量个数的增加呈乘积倍增长,这就要求抽取更多的样本点,大大降低响应面法的效率。因此多项式响应面不适用对变量较多的问题进行描述,并且当多项式阶数较高时,还容易出现过拟合的现象。不同阶数的响应面形式如图 5-1 所示。

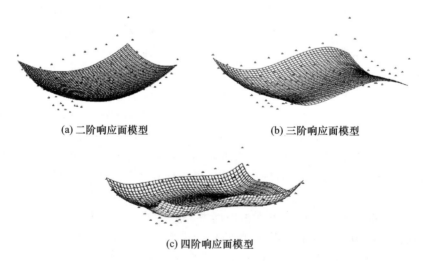

(a) 二阶响应面模型　　　　(b) 三阶响应面模型

(c) 四阶响应面模型

图 5-1　不同阶数的响应面模型示意图

2. Kriging 模型

Kriging 方法是由南非的 D. G. Krige 于 1951 年首先提出,原来主要用于矿产储量的估算。Kriging 方法是地质统计学的主要内容之一,从统计意义上说,是从变量相关性和变异性出发,在有限区域内对区域化变量的取值进行无偏、最优估计的一种方法;从插值角度讲是对空间分布的数据求线性最优、无偏内插估计的一种方法。

Kriging 模型的形式为:

$$y(x) = f(x) + z(x) \quad (5-3)$$

式中:$f(x)$ 为确定性部分,是对设计空间的全局近似,一般 $f(x)$ 可以用一个常数 β 表示,则式(5-3)可以表示为

$$y(x) = \beta + z(x) \quad (5-4)$$

式中,$z(x)$ 是一个随机过程,代表对全局近似的背离,它具有如下的统计特性。

均值为零,有

$$E[z(x)] = 0 \quad (5-5)$$

方差为 σ^2,有

$$\mathrm{Var}[z(x)] = \sigma^2 \quad (5-6)$$

协方差的随机函数为

$$\mathrm{Cov}[z(x^i), z(x^j)] = \sigma^2 R[R(x_i, x_j)] \quad (1 \leq i, j \leq n) \quad (5-7)$$

式中:R 为相关矩阵;$n_s \times n_s$ 为对称正定对角矩阵(n_s 表示样本点个数);$R(x_i, x_j)$ 为任意两个样本点 x_i 和 x_j 之间的相关函数。

最常用的高斯相关函数形式如下:

$$R(x_i, x_j) = \prod_{k=1}^{n_{\mathrm{dv}}} \exp(-\theta_k |x_k^i - x_k^j|^2) \quad (5-8)$$

式中:k 为设计变量个数;θ_k 为拟合模型的未知相关参数;$x_k^i - x_k^j$ 为 x_i 和 x_j 第 k 个元素的距离。

相关函数确定以后,就可以建立 $y(x)$ 的近似响应 $\hat{y}(x)$ 关于观测点 x 的表达式,即

$$\hat{y}(x) = \hat{\beta} + r^{\mathrm{T}}(x) R^{-1} (y - f\hat{\beta}) \quad (5-9)$$

式中:y 为 n_s 维列向量,包含每个设计点上的目标响应值;f 为 n_s 维列向量。

当式(5-3)中的 $f(x)$ 为一个常数时简化为单位列向量;$r^{\mathrm{T}}(x)$ 为 n_s 维列向量,表示观测点 x 与样本点 $(x_1, x_2, \cdots, x_{ns})$ 之间的相关性,形式为

$$r^{\mathrm{T}}(x) = [R(x, x_1), R(x, x_2), \cdots, R(x, x_{ns})]^{\mathrm{T}} \quad (5-10)$$

$\hat{\beta}$ 通过下式估计:

$$\hat{\beta} = (f^{\mathrm{T}} R^{-1} f)^{-1} f^{\mathrm{T}} R^{-1} y \quad (5-11)$$

当假设 $f(x)$ 为一常数时,$f(x)$ 简化为标量。

方差估计为

$$\hat{\sigma}^2 = \frac{(y - f\hat{\beta})^{\mathrm{T}} R^{-1} (y - f\hat{\beta})}{n_s} \quad (5-12)$$

当假设 $f(x)$ 为一常数时，f 简化为单位列向量。

式(5-8)中的相关参数 θ_k 的最大似然估计通过最大化式(5-13)的值取得，其中 $\hat{\sigma}^2$ 和 $|R|$ 都是 θ_k 的函数 $(\theta_k > 0)$，即

$$-\frac{n_s \ln(\hat{\sigma}^2) + \ln|R|}{2} \quad (5-13)$$

通过求解式(5-13)的 k 维非线性无约束优化问题，就可以得到最优拟合的 Kriging 模型。

Kriging 模型具有较好的适应性，可以广泛地用于对低阶和高阶非线性问题的拟合，但也存在拟合效率较低，容易陷入局部最小等问题。Kriging 模型如图5-2所示。

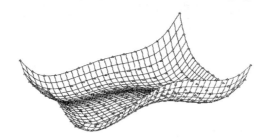

图5-2 Kriging 模型示意图

3. 径向基神经网络模型

径向基神经网络(Radial Basis Function Neural Network, RBFNN)是利用径向基函数构造神经网络的传递函数，不仅具有任意精度的泛函逼近能力，而且较快的收敛速度，其数学表达式为

$$y = w_0 + \sum_{i=1}^{n} w_i \varphi(\|x - x_i\|) \quad (5-14)$$

式中：w_0 为一个多项式函数；w_i 为权重系数；x_i 为一个样本点，作为径向基函数的中心点；n 为中心点个数；φ 为径向基函数。

RBFNN 的基本思想是：用 RBF 作为隐单元的"基"构成隐含层空间，这样就可以将输入矢量直接映射到隐空间，而不需要通过权连接。当 RBF 的中心点确定以后，这种映射关系也就确定了。隐含层的作用是把向量从低维度的 P 映射到高维度的 h，这样低维度线性不可分的情况到高维度就可以变得线性可分了，其主要是基于核函数的思想，网络由输入到输出的映射是非线性的，而网络输出对可调参数而言却又是线性的。网络的权就可由线性方程组直接解出，从而大大加快学习速度并避免局部极小问题。

5.2.2 样本点选取方法

构建高精确度的近似模型关系到优化结果是否可靠，而样本点的选取方式

是影响近似模型精确度的重要因素之一。目前主要的样本点选取方法有正交试验设计方法、拉丁超立方试验设计方法及均匀试验设计方法,下面重点介绍这几种方法的基本原理。

1. 正交试验设计方法

正交设计是历史最悠久的一种试验设计方法,它产生于20世纪20年代,是一种利用正交性在变量空间选取典型样本点的方法。它希望每个变量的水平之间分配均衡,任意两个变量的全部水平组合也分配均衡,所以其选出的样本点具有"整齐可比,均衡分散"的特点。

Rao[6]最先给出了正交试验设计(orthogonal arrays,OA)的数学定义:对于设计 $D(N,\prod_{i=1}^{k}q_i^{s_i})$ (式中:N 为样本点数目;q_i 为第 i 个变量的水平数;s_i 为水平 q_i 的变量个数),如果存在正整数 $s < k$,使得对于任意 s 个变量 $i_1, i_2, \cdots, i_s$ 都有:N 个样本点包含相同次数的 $q_{i_1}, q_{i_2}, \cdots, q_{i_s}$ 水平的所有组合,则称其为强度为 s 的正交设计,记为 $OA(N,\prod_{i=1}^{k}q_i^{s_i},s)$。

OA得到广泛应用得益于其若干优良的统计性质:

(1)在方差分析模型下是一致最优的,是多项式模型的 D - 最优设计[7];

(2)变量的主效应之间没有混杂;

(3)数据分析简单。

对响应与变量之间的关系不大于三次多项式的优化问题,OA选点效率高,构建回归模型速度快,精确度高。但是OA对样本点数有苛刻的要求:对于正交表 $OA(N,\prod_{i=1}^{k}q_i^{s_i},s)$,其样本点数 N 必须能够被 $\prod_{i=1}^{k}q_i^{k_i}$ 整除,其中 $\sum_{i=1}^{k}k_i = s, (i = 1, 2, \cdots, k)$。例如,安排一个8水平试验,则至少要 8^2 个样本点,在许多情况下这么多样本点是不允许的。由于追求"整齐可比",因此对于水平数比较多,变量数比较大的正交表构造比较困难。但是在变量数大于2的情况下,OA选出的样本点在空间分布上并不一定是均匀分布的,因为其要求一维和二维投影均匀性。

2. 拉丁超立方试验设计方法

随着计算机技术的发展以及工程问题复杂程度的提高,迫切需要一种能够"充满空间的设计"。于是20世纪70年代北美的McKay M. D.、Beckman R. J.和Conover W. J.提出了拉丁超立方设计(Latin Hypercube Sampling,LHS),并得到广泛的应用。

LHS提出的模型基于"总均值模型",希望样本点对输出变量的总均值提供一个无偏估计值,且方差较小。

总均值模型如下:

设输入变量 $x_1, x_2, \cdots, x_s$ 与输出变量有一个确定性的关系,即

$$y = f(x_1, x_2, \cdots, x_s), \quad x = (x_1, x_2, \cdots, x_s) \in C^s \qquad (5-15)$$

这里假定试验区域为单位立方体 $C^s = [0,1]^s$,变量 y 在 C^s 上的总均值为

$$E(y) = \int_{C^s} f(x_1, x_2, \cdots, x_s) \mathrm{d}x_1, \cdots, \mathrm{d}x_s \qquad (5-16)$$

若在 C^s 上取了 n 个样本点,$x_1, x_2, \cdots, x_n$,y 在这 n 个样本点上的均值为

$$\bar{y}(D_n) = \frac{1}{n} \sum_{i=1}^{n} f(x_i) \qquad (5-17)$$

此处 $D_n = \{x_1, x_2, \cdots, x_n\}$ 代表这 n 个点的一个设计。

LHS 是用抽样的方法来选取 D_n 使相应的估计 $\bar{y}(D_n)$ 是无偏的,即

$$E(\bar{y}(D_n)) = E(y) \qquad (5-18)$$

而且方差 $\mathrm{Var}(\bar{y}(D_n))$ 尽可能地小。

若样本点集 D_{random} 中的点 $x_1, x_2, \cdots, x_n$ 独立同分布,相应样本均值 $\bar{y}(D_{\mathrm{random}})$ 是 $E(y)$ 的无偏估计,其方差为 $\mathrm{Var}(f(x))/n$。如果样本点同分布,但相互之间有相关性,得

$$\mathrm{Var}(D_{LH}) = \mathrm{Var}(f(x))/n + (n-1)\mathrm{Cov}(f(x_1), f(x_2))/n \qquad (5-19)$$

右边第一项是随机抽样时样本均值的方差,故当且仅当 $\mathrm{Cov}(f(x_1), f(x_2))/n < 0$ 时,$\mathrm{Var}(D_{LH}) < \mathrm{Var}(f(x))/n$。LHS 就是使选出的试验点满足 $\mathrm{Cov}(f(x_1), f(x_2))/n < 0$。

以从两变量构成的变量空间选取 8 个样本点为例,说明 LHS 方法选取样本点的过程。

(1)首先将变量空间每边均分为 8 份,所以单位正方形被分成了 8 行 8 列;

(2)随机地取任意组合作为第一个样本点,如(1,5)。在选取第二个样本点时,要避开(1,5)所在的行和列,也就是在变量空间被分成的每个行和列只能有一个样本点,如第二个样本点选为(2,3)。

(3)重复上述过程,直到选出 8 个样本点为止,如图 5-3 所示。

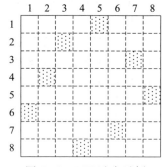

图 5-3 LHS 选点示例

LHS 选出的样本点能"充满整个空间",对大样本点数的构造时间短,并且构造方便。由于是随机抽样的方式选取样本点,因此选出的样本点有很大的随机性,容易造成试验点"扎堆"的现象,如图 5-4 所示,选出的样本点稳健性较差。为了改善 LHS 的稳健性,有学者提出了优化拉丁超立方方法(optimal latin hypercube sampling,OLHS),就是以某种准则为衡量标准,求出在此准则下最优的设计,如熵、极大极小和 ϕ_p 准则等。虽然增加准则后改善了其稳健性,但由于 LHS 方法本质上是分层选取样本点的方法,因此 OLHS 方法仍不够理想,在变量数较多的情况下低维投影的不均匀性尤为明显,如图 5-5 所示。

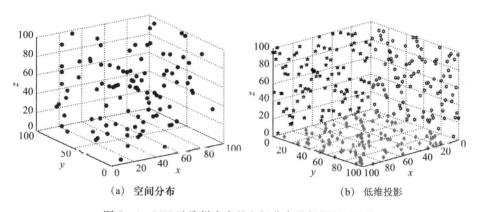

图 5-4 LHS 选取样本点的空间分布及投影(3 变量)

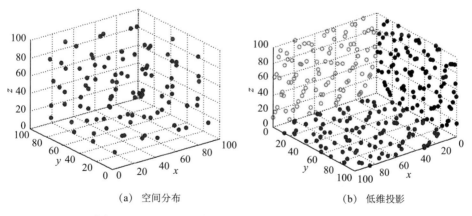

图 5-5 OLHS 选取样本点的空间分布及投影(3 变量)

3. 均匀试验设计方法

20 世纪 70 年代,我国的方开泰教授和王元院士将数论方法与试验设计方法相结合提出了均匀试验设计方法(uniform design,UD)。这是一种以偏差为度量准则在变量空间选取典型样本点的方法。均匀设计也是基于"总均值模型",

希望试验点能使输出变量总均值离实际总均值的偏差最小,并对模型的变化具有稳健性,追求将样本点均匀地分布在整个变量空间[8]。

由数论方法中著名的 Koksma – Hlawka 不等式,可得

$$|E(y) - \bar{y}(D_n)| \leq V(f) D(D_n) \qquad (5-20)$$

式中:$V(f)$为函数f在C^s上的总变差,函数f平稳,$V(f)$则小,函数f波动大,$V(f)$则大;$D(D_n)$为点集D_n在C^s上的偏差,偏差是度量点集均匀性的一种测度。

显然,$D(D_n)$越小越好,即点在C^s上散布越均匀越好。偏差的定义如下。

若在试验区域C^s内布n个试验点$P_n = \{x_k = (x_{k1}, \cdots, x_{ks}), k = 1, 2, \cdots, n\}$。令$x = (x_1, \cdots, x_s) \in C^s$,$[0, x) = [0, x_1) \times \cdots \times [0, x_s)$,为$C^s$中由原点0和$x$决定的矩形。令$N(P_n, [0, x))$为$P_n$中的点落入到$[0, x)$中的个数,当$P_n$中的点在$C^s$中散布均匀时,$N(P_n, [0, x))/n$应与$[0, x)$的体积$x_1 \cdots x_s$相接近,两者的差 $D(x) = \left| \dfrac{N(P_n, [0, x))}{n} - \text{Vol}([0, x)) \right|$ 称为点集P_n在点x的偏差。

目前常用的偏差为中心化L_2 – 偏差,CD_2其表达式为

$$CD_2^2(P_n) = \left[\left(\frac{13}{12}\right)^s - \frac{2^{1-s}}{n} \sum_{k=1}^{n} \prod_{i=1}^{s} \left(2 + \left|x_{ki} - \frac{1}{2}\right| - \left|x_{ki} - \frac{1}{2}\right|^2\right) + \right.$$

$$\left. \frac{1}{n^2} \sum_{k,l=1}^{n} \prod_{i=1}^{s} \left(1 + \frac{1}{2}\left|x_{ki} - \frac{1}{2}\right| + \frac{1}{2}\left|x_{li} - \frac{1}{2}\right| - \frac{1}{2}|x_{ki} - x_{li}|\right) \right]^{1/2}$$

$$(5-21)$$

设要选取n个样本点,含s个变量,它们各自取$q(q \leq n)$个水平,则均匀设计表为$U_n(q^s)(q \leq n)$,水平数与样本点数的关系为$q = n$。该设计方案$U_n(n^s)$可用一个n行s列的矩阵表示,并称这一矩阵为 UD 的方案阵。方案阵的每行代表一次试验,每列代表一个因素,各列是$\{1, 2, \cdots, n\}$的一个置换(即$1, 2, \cdots, n$的重新排列),每个元素代表在每次试验中对应因素所取的水平值。从几何角度看,如果我们将每个因素用一个坐标轴表示,因素的水平值变为对应的坐标值,则一个s变量n水平的均匀设计方案又可用散布在s维欧氏空间中$[1, n]^s$立方体内的n个点表示。UD 的目的就是在试验区域内生成均匀散布的样本,使人们能有效地实现对搜索空间进行信息提取,从而得到s维立方体空间C^s上的具有统计意义的样本点。方幂生成向量法一直是构造均匀设计表的常用方法之一,其构造过程简述如下。

由均匀性分布理论:令C^s表示s维单位立方体,$1 < n_1 < n_2 < \cdots$表示任意一个自然数列及

$$P_{n_l}(k) = (x_1^{(n_l)}(k), \cdots, x_s^{(n_l)}(k)) \quad (1 \leq k \leq n_l) \qquad (5-22)$$

表示C^s中的点列。对于任意$r = (r_1, \cdots, r_s) \in C^s$,命$N_{n_l}(r)$表示适合于

$$0 \leqslant x_i^{(n_i)}(k) < r_i, (1 \leqslant i \leqslant s)$$

的点 $P_{n_l}(k)(1 \leqslant k \leqslant n_l)$ 的个数。

当 $n_l = l$ 时,点集 $P_n(k) = (x_1(k), \cdots, x_s(k)), (k = 1, 2, \cdots l)$ 在 C^s 上趋于均匀分布[9]。

取自然数 $a_1, \cdots, a_s, (a_i, q) = 1 (i = 1, 2, \cdots, s)$。$(a, b)$ 表示整数 a, b 的最大公约数[10],则布点为

$$P_n(k) = (ka_1, ka_2, \cdots, ka_s)(\bmod q), k = 1, 2, \cdots, q \tag{5-23}$$

由数论的知识可知,对于给定的正整数 n,小于 n 且与 n 互素的自然数共有 $m = \varphi(n)$ 个,这里 $\varphi(n)$ 是著名的 Euler 函数,即任一正整数 n 存在唯一的素数分解 $n = p_1^{r_1} p_2^{r_2} \cdots p_l^{r_l}$,则 $\varphi(n)$ 由下式确定:

$$\varphi(n) = n\left(1 - \frac{1}{p_1}\right)\left(1 - \frac{1}{p_2}\right)\cdots\left(1 - \frac{1}{p_l}\right) \tag{5-24}$$

令 $H = (h_1, h_2, \cdots, h_m)$ 为一个包含 m 个元素的正整数集合,其中任意元素 $h_j < n$,且 h_j 和 n 的最大公约数为 1。同时,令 $u_{ij} = ih_j (\bmod n)$,这里 $\bmod n$ 是同余运算,则 $U = (u_{ij})$ 是一个大小为 $n \times m$ 的均匀矩阵——U-矩阵*。给定 $s < m$,则 U-矩阵取任意 s 列组成的矩阵仍为 U-矩阵,共有 $\binom{m}{s}$ 个大小为 $n \times s$ 这样的子阵,各子阵组成的向量 $h_j = (h_{jv_1}, h_{jv_2}, \cdots, h_{jv_s}), v_1, v_2, v_s \in \{1, 2, \cdots, m\}$ 称为该均匀设计的生成向量。从所有 $\binom{m}{s}$ 个大小为 $n \times s$ 的子阵中选出具有最小偏差的那个方案就构成了均匀设计方案,如图 5-6 所示,样本点生成流程如图 5-7 所示。

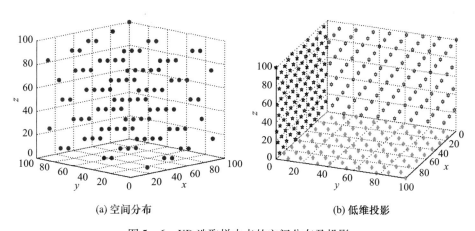

(a) 空间分布　　　　　　　　(b) 低维投影

图 5-6　UD 选取样本点的空间分布及投影

---

* 若 $n \times s$ 矩阵 $U = (u_{ij})$ 的每列元素为 $\{1, 2, \cdots, n\}$ 的一个置换,则称为 U-矩阵。

图 5-7 均匀设计样本点生成流程

例如,通过此方法构造样本点数为 10 变量数为 3 的均匀分布方案。可知 10 的素数分解为 $10 = 2 \times 5$,将其带入 Euler 函数中,$m = 10 \times \left(1 - \frac{1}{2}\right) \times \left(1 - \frac{1}{5}\right) = 4$。采用上述方法可得其 U - 矩阵,如表 5-1 所列。从该矩阵中选出偏差最小的一种即为所求的方案,如表 5-2 所列。

表 5-1 $n = 10$ 的 U 矩阵

1	3	7	9
2	6	4	8
3	9	1	7
4	2	8	6
5	5	5	5
6	8	2	4
7	1	9	3
8	4	6	2
9	7	3	1
10	10	10	10

表 5-2 均匀分布方案

1	7	9
2	4	8
3	1	7
4	8	6
5	5	5
6	2	4
7	9	3
8	6	2
9	3	1
10	10	10

当响应与变量之间的关系为高次多项式或非线性关系时,UD 选点数量少,选点效率高,构建回归模型精确度高,同时对模型的变化具有很好的稳健性,尤

其是对于缺乏先验性的复杂优化问题。但均匀分布的大样本点数均匀设计方案构造困难,这严重限制了其在优化中的广泛应用。

5.3 不同样本点选取方法对近似模型精确度的影响

本节对于二维和高维测试函数,采用不同的样本点选取方法选取同样数量的样本点,分别构建近似模型,利用测试点来评价近似模型的精确度,以此来对前文介绍的几种样本点选取方法进行对比分析。由于正交设计对样本点数的严格限制以及在非线性问题中应用较少,因此仅对 LHS 和 UD 方法进行比较。

本节中近似模型均采用径向基神经网络模型,近似模型精确度的衡量指标采用平均绝对预报误差(mean absolute predictive error, MAPE)和平均相对误差(relative average absolute error, RAAE)。这两个值越小,说明近似模型的精确度越高,其定义如下:

$$\text{MAPE} = \frac{1}{n} \sum_{i=1}^{n} \left| \frac{\hat{y}_i - y_i}{y_i} \right| \times 100 \quad \text{RAAE} = \frac{\sum_{i=1}^{n} |\hat{y}_i - y_i|}{n \times \text{STD}}$$

式中:n 为样本数;$\hat{y}_i$ 为近似模型预报值;y_i 为目标函数实际值;STD 为标准差。

5.3.1 二维测试函数

Peaks 函数,如图 5-8 所示,表达式如下:

$$z = 3(1-x)^2 e^{-x^2-(y+1)^2} - 10\left(\frac{x}{5} - x^3 - y^5\right)e^{-x^2-y^2} - \frac{1}{3}e^{-(x+1)^2-y^2} \quad (5-25)$$

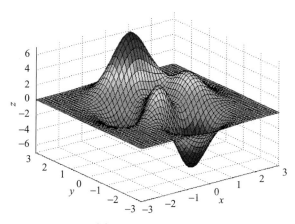

图 5-8 Peaks 函数

首先分别采用 LHS 和 UD 方法选取 100 个和 200 个样本点,如图 5-9、图

5-10所示,并分别构建径向基神经网络模型。因为 LHS 选取的样本点具有随机性,因此对于 100 个和 200 个试验点分别选取 3 组样本点。为了比较所构建近似模型精确度,采用 LHS 选取与样本点不同的 4 组点作为测试点(test points,TS),每组 100 个,如图 5-11 所示。

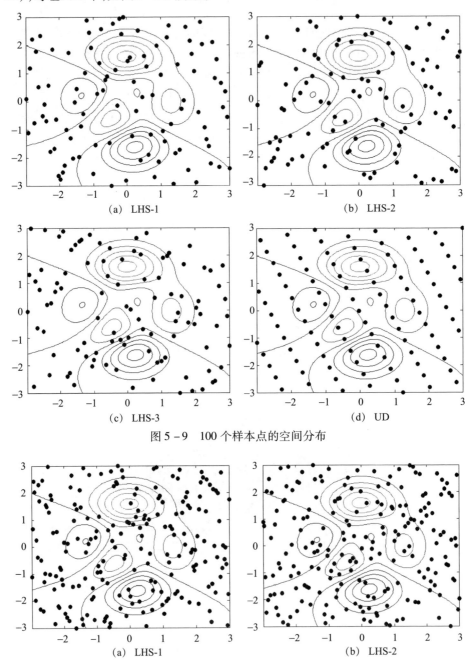

(a) LHS-1　　　　　　　　　(b) LHS-2

(c) LHS-3　　　　　　　　　(d) UD

图 5-9　100 个样本点的空间分布

(a) LHS-1　　　　　　　　　(b) LHS-2

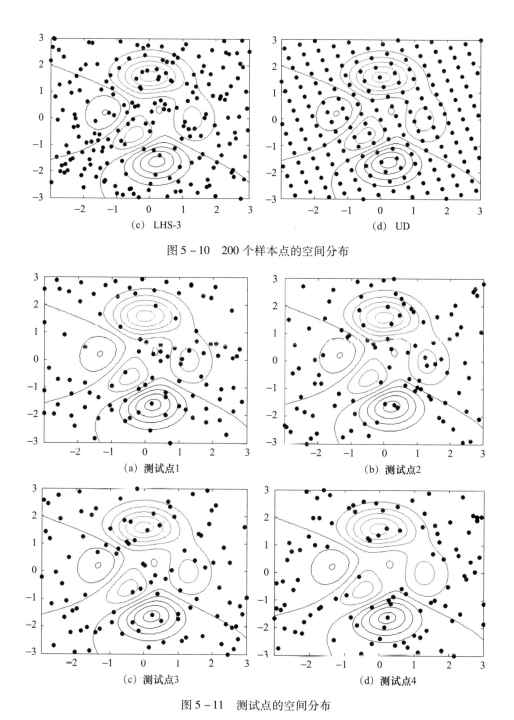

(c) LHS-3　　　　　　　　　　(d) UD

图 5-10　200 个样本点的空间分布

(a) 测试点1　　　　　　　　　(b) 测试点2

(c) 测试点3　　　　　　　　　(d) 测试点4

图 5-11　测试点的空间分布

LHS 和 UD 方法选取的样本点对应的中心化 L_2-偏差 CD_2 的值如表 5-3 所列。根据每组测试点的预报结果，近似模型精确度的衡量指标计算结果如

表 5-4、表 5-5 及图 5-12、图 5-13 所示。

表 5-3　LHS 及 UD 选点方法对应的偏差值

选点数量	选点方式			
	UD	LHS		
		第 1 组	第 2 组	第 3 组
100	0.0069	0.0131	0.0165	0.0212
200	0.0035	0.0137	0.0106	0.0120

表 5-4　100 个样本点对应的近似模型精确度指标

选点方式		测试点							
		第 1 组		第 2 组		第 3 组		第 4 组	
		MAPE	RAAE	MAPE	RAAE	MAPE	RAAE	MAPE	RAAE
UD		13.97	0.076	9.42	0.054	15.84	0.048	59.48	0.042
LHS	1	31.31	0.099	20.78	0.066	35.50	0.067	140.17	0.064
	2	22.77	0.073	19.08	0.076	29.98	0.079	113.90	0.081
	3	16.53	0.079	11.10	0.072	18.34	0.054	70.57	0.055

表 5-5　200 个样本点对应的近似模型精确度指标

选点方式		测试点							
		第 1 组		第 2 组		第 3 组		第 4 组	
		MAPE	RAAE	MAPE	RAAE	MAPE	RAAE	MAPE	RAAE
UD		0.93	0.003	0.66	0.004	1.20	0.003	4.27	0.002
LHS	1	5.29	0.020	4.18	0.019	6.98	0.019	24.90	0.016
	2	3.57	0.017	2.97	0.018	4.27	0.011	16.24	0.012
	3	9.27	0.025	4.56	0.015	8.56	0.021	35.07	0.011

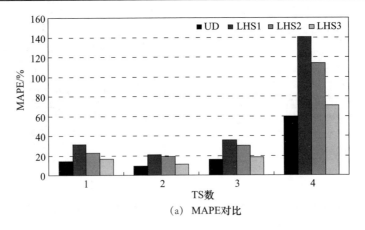

(a) MAPE 对比

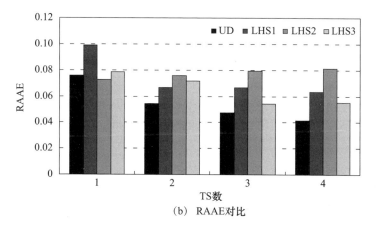

(b) RAAE对比

图 5-12 100个样本点对应的近似模型精确度指标

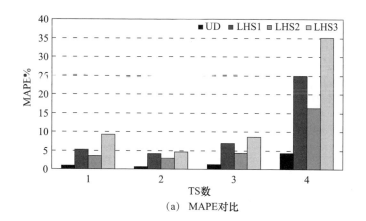

(a) MAPE对比

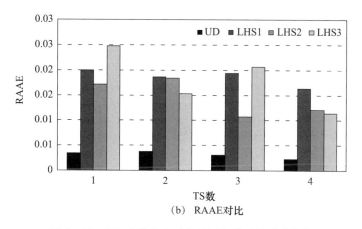

(b) RAAE对比

图 5-13 200个样本点对应的近似模型精确度指标

通过偏差计算及测试点预报结果对比可以得出如下结论。

(1)对于从二维空间选取的样本点,LHS 选取的样本点偏差值明显大于 UD 方法,并且对于同样数量的样本点,LHS 方法对应的偏差值变化幅度较大,如 LHS 选取的 3 组 100 个样本点的偏差值从最小 0.0131 变化到最大 0.0212,变化幅度达 61.8%;3 组 200 个样本点的偏差值从最小 0.0106 变化到最大 0.0137,变化幅度达 29.2%。这说明 LHS 选取的样本点分布散乱,空间分布没有规律,并且对于同样数量的样本点,各个方案之间差别很大,而 UD 选取的样本点分布整齐均匀。

(2)从结果对比可以看出,对于同样的近似模型,在同样数量的样本点下,对于同一组测试点,LHS 选取的样本点所构建的近似模型精确度跳跃性很大,稳健性很差,例如对于第 4 组测试点,LHS 选取的 3 组 100 个样本点对应的 MAPE 值从 70.57 变化到 140.17,变化幅度为 98.6%,RAAE 值从 0.055 变化到 0.081,变化幅度为 47.3%;3 组 200 个样本点对应的 MAPE 值从 16.24 变化到 35.07,变化幅度为 115.9%,RAAE 值从 0.011 变化到 0.016,变化幅度为 45.5%。而 UD 选取的样本点对应的近似模型精确度要好于 LHS 的结果。

5.3.2 高维测试函数

采用 Rastrigin-5 函数,其表达式为

$$f(x) = \sum_{i=1}^{5}\left[x_i^2 - 10\cos(2\pi x_i) + 10\right] \quad x_i \in [-5.12, 5.12] \quad (5-26)$$

首先分别采用 LHS 和 UD 方法选取 100 个和 200 个样本点,如图 5-14、图 5-15 所示,并分别构建径向基神经网络模型。因为 LHS 选取的样本点具有随机性,因此对于 100 个和 200 个试验点分别选取 3 组样本点。为了比较所构建近似模型精确度,采用 LHS 选取与样本点不同的 4 组点作为 TS,每组 100 个,如图 5-16 所示。

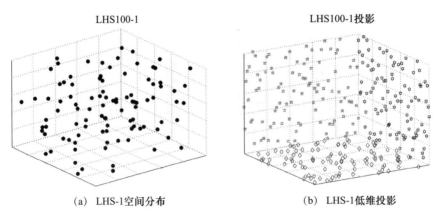

(a) LHS-1空间分布　　　(b) LHS-1低维投影

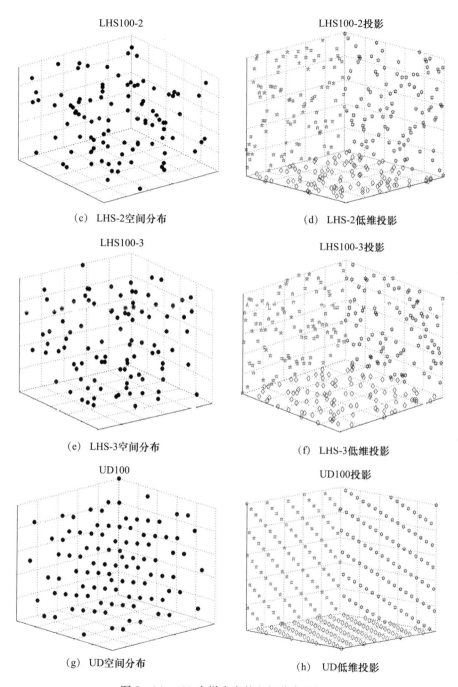

图 5-14 100个样本点的空间分布及投影

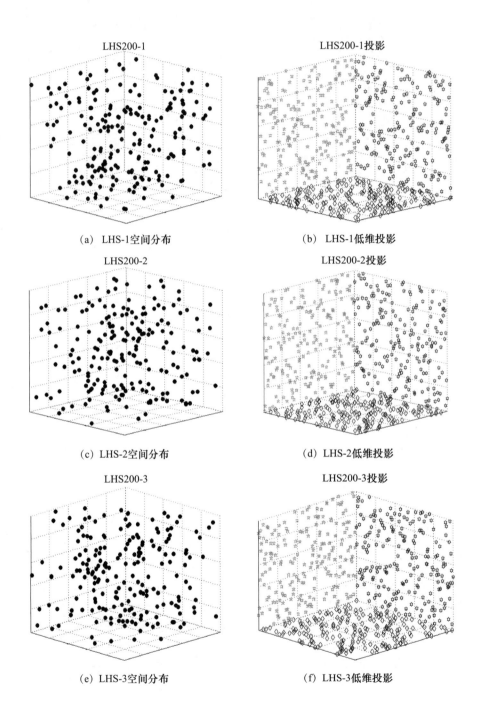

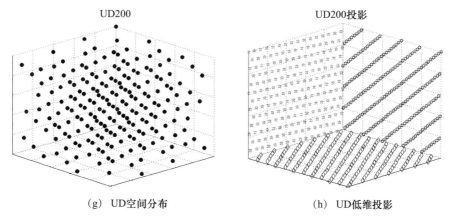

(g) UD空间分布　　　　　　　　(h) UD低维投影

图 5-15　200个样本点的空间分布及投影

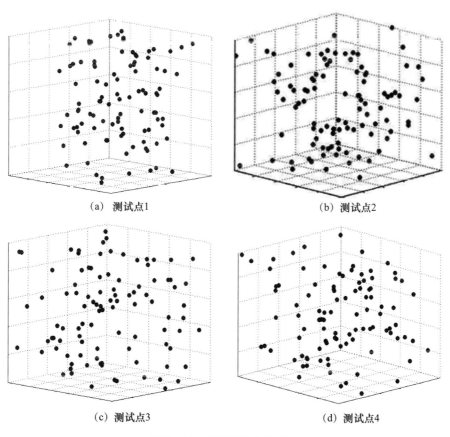

(a) 测试点1　　　　　　　　(b) 测试点2

(c) 测试点3　　　　　　　　(d) 测试点4

图 5-16　测试点的空间分布

LHS 和 UD 方法选取的样本点所对应的中心化 L_2 - 偏差 CD_2 的值如表5-6所示。根据每组测试点的预报结果，近似模型精确度的衡量指标计算结果如表5-7、表5-8及图5-17、图5-18所示。

表 5-6　LHS 及 UD 选点方法对应的偏差值

选点数量	选点方式			
	UD	LHS		
		第1组	第2组	第3组
100	0.0615	0.0670	0.0700	0.0620
200	0.0312	0.0481	0.0442	0.0541

表 5-7　100 个样本点对应的近似模型精确度指标

选点方式		测试点							
		第1组		第2组		第3组		第4组	
		MAPE	RAAE	MAPE	RAAE	MAPE	RAAE	MAPE	RAAE
UD		47.15	0.542	41.84	0.359	44.34	0.361	46.81	0.433
LHS	1	51.83	0.612	33.68	0.290	44.77	0.386	49.08	0.464
	2	64.22	0.758	39.79	0.333	64.04	0.514	60.29	0.553
	3	57.70	0.676	42.49	0.362	53.30	0.431	50.14	0.474

表 5-8　200 个样本点对应的近似模型精确度指标

选点方式		测试点							
		第1组		第2组		第3组		第4组	
		MAPE	RAAE	MAPE	RAAE	MAPE	RAAE	MAPE	RAAE
UD		38.67	0.409	39.43	0.296	33.82	0.256	38.48	0.331
LHS	1	42.98	0.502	32.95	0.226	32.31	0.258	39.53	0.366
	2	39.49	0.443	37.67	0.255	37.62	0.280	35.69	0.313
	3	50.14	0.568	42.56	0.312	43.40	0.351	46.38	0.414

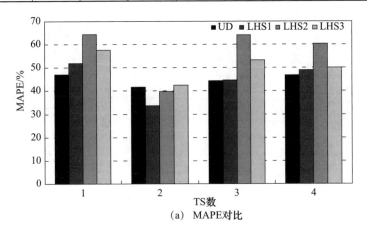

(a) MAPE对比

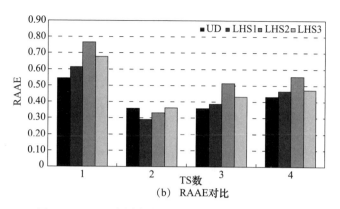

图5-17 100个样本点对应的近似模型精确度指标

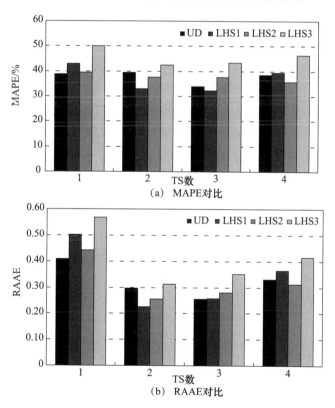

图5-18 200个样本点对应的近似模型精确度指标

通过偏差计算及测试点预报结果对比可以得出如下结论。

(1) 对于高维空间,LHS选取的样本点偏差值仍大于UD方法,并且对于选取的同样数量样本点,其偏差值波动幅度较大。这说明LHS选取的样本点仍然是散乱的,空间分布没有规律,且各个方案之间差别很大,如LHS选取的3组100个样本点的偏差值从最小 0.062 变化到最大 0.07,变化幅度达 12.9%;3 组 200 个样本点的偏差值从最小 0.0442 变化到最大 0.0541,变化幅度达 22.4%。而 UD 选取的样本点分布依然能够整齐均匀,并能保证样本点的低维投影也是均匀分布的。

(2) 从结果对比可以看出,对于同样的近似模型,在同样数量的样本点下,对于同一组测试点,LHS 选取的样本点所构建的近似模型精确度跳跃性很大,稳健性很差,例如对于第 3 组测试点,LHS 选取的 3 组 100 个样本点对应的 MAPE 值从 44.77 变化到 64.04,变化幅度为 43%,RAAE 值从 0.386 变化到 0.514,变化幅度为 33.2%;3 组 200 个样本点对应的 MAPE 值从 32.31 变化到 43.4,变化幅度为 34.3%,RAAE 值从 0.258 变化到 0.351,变化幅度为 36%。而 UD 选取的样本点对应的近似模型精确度总的来说要好于 LHS。

通过对二维函数和高维函数的测试以及样本点偏差值的比较,无论是对同一测试点集的比较还是对不同测试点集的比较,LHS 方法选取样本点的稳健性较差,而 UD 方法选取的样本点偏差更小,样本点分布更加均匀,同时除了个别测试点集,UD 方法对应的近似模型精确度更高。在实际优化中,目标函数空间是复杂多变并且无法预知的,并且不允许进行多次样本点的选取,构建近似模型时如果采用 LHS 方法选取样本点,由于其选取样本点的随机性以及稳健性较差的缺陷,很难保证所构建近似模型的精确度。因此,UD 作为一种稳健的样本点选取方法,更适用于优化问题中近似模型的构建。

随着船舶 MDO 系统复杂度的提高,各学科将会采用高精度的数值分析程序对船舶相关性能进行预报,其势必会增加计算成本,同时也会导致船体型线优化效率低下。因此,将近似方法应用于工程实践是很有意义的。

参 考 文 献

[1] 王振国,陈小前,罗文彩,等.飞行器多学科设计优化理论与应用研究[M].北京:国防工业出版社,2006.
[2] 马宝胜.响应面方法在多种实际优化问题中的应用[D].北京:北京工业大学,2007.
[3] 赵洁.机械可靠性分析的响应面法研究[D].西安:西北工业大学,2006.
[4] 岳珠峰,等.航空发动机涡轮叶片多学科设计优化[M].北京:科学出版社,2007.
[5] 张健.飞机多学科设计优化中的近似方法研究[D].西安:西北工业大学,2006.
[6] Rao C R. Hypercube of Strength d Leading to Confounded Designs in Factorial Experiments[J]. Bull. Calcutta Math. Soc. ,1946,38:67 – 78.
[7] Cheng C S. Optimality of some weighing and 2 fractional factorial designs[J]. Ann. Stat. ,1980,8:436 – 446.
[8] 王元,方开泰.关于均匀分布与试验设计(数论方法)[J].科学通报,1981,2:65 – 70.
[9] 方开泰,王元.数论方法在统计中的应用[M].北京:科学技术出版社,1996.
[10] 唐煜.均匀设计的组合性质及其构作[D].江苏:苏州大学,2005.

第6章　多学科设计优化算法

传统优化技术开始于17世纪的Newton和Leibniz数学分析时代,其间经Lagrange、Hitchcock、Dantzig、Kuhn和Tucke等的研究,优化方法不断得到丰富,优化理论不断得到完善。随着计算机的出现和微型计算机技术的飞速发展,复杂的传统优化算法被广泛应用于工程实际;同时各种现代的智能优化方法不断涌现和快速发展,且应用范围越来越广,应用能力越来越强。

6.1　传统的优化方法

传统的优化方法[1-4]是目前各种优化技术的基础,它建立于严谨的数学推理基础之上,具有较为完整的理论体系。因而,其工程应用的可靠性较高,被广泛应用于工程设计、经济规划、生产管理、交通运输和国防建设等重要领域。

最优化问题可分为无约束问题和约束问题,无约束问题又可分为一维和多维问题,约束问题则分为线性规划和非线性规划问题。

6.1.1　无约束优化算法

1. 一般形式

无约束优化问题的一般形式为

$$\min f(\boldsymbol{X}) \tag{6-1}$$

式中:$f:R^n \rightarrow R^1$。这个问题的求解即为找到一点$\boldsymbol{X}^*$,使得对任意的$\boldsymbol{X} \in R^n$,都有$f(\boldsymbol{X}^*) \leqslant f(\boldsymbol{X})$成立,$\boldsymbol{X}^*$即式(6-1)的最优解。

对于简单的优化问题,可采用切线法、割线法、黄金分割法、二次插值法等方法进行解析求解,对多数问题则不能解析求解,通常采用迭代法即数值近似法求解。

2. 数值法求解的基本思想

设$\boldsymbol{X}^*$的初值为$\boldsymbol{X}_0$,由$\boldsymbol{X}_{k+1} = \boldsymbol{X}_k + t_k \boldsymbol{s}_k$产生一系列迭代点$\{\boldsymbol{X}_k\}$($k=1,2,\cdots$),希望当$k \rightarrow +\infty$时,$\{\boldsymbol{X}_k\} \rightarrow \boldsymbol{X}^*$;$t_k$和$\boldsymbol{s}_k$分别为搜索步长和迭代方向矢量。恰当地选取$t_k$和$\boldsymbol{s}_k$,使得$f(\boldsymbol{X}_0) \geqslant f(\boldsymbol{X}_1) \geqslant \cdots \geqslant f(\boldsymbol{X}_k) \geqslant f(\boldsymbol{X}_{k+1}) \geqslant \cdots$成立,即为下降算法。其迭代算法的步骤大致如下。

(1) 选定初始点$\boldsymbol{X}_0$,确定计算精度$\varepsilon > 0$。

(2) 选定某种下降算法,确定迭代方向向量 s_k 和搜索步长 t_k。

(3) 产生下一个新点 $X_{k+1} = X_k + t_k s_k (k=0)$。

(4) 检查 $\|\nabla f(X_{k+1})\| < \varepsilon$ 是否成立?若成立则终止迭代,$X^* = X_{k+1}$;否则 $k = k+1$,转入(3)。

3. 下降算法

下降算法分为间接法和直接法。

1) 间接法

间接法利用函数的梯度等信息进行最优解的迭代搜索,其中较有代表性的有梯度法、共轭梯度法、牛顿法及变尺度法等。

(1) 梯度法。又称最速下降法,选取函数的负梯度方向 $-\nabla f(X_k)$ 作为迭代方向,搜索步长 t_k 则采用一维搜索来确定,即求 $\min(X_k + ts_k)$,对应的 t 即 t_k。

(2) 共轭梯度法。根据 $s_k = -\nabla f(X_k) + \sum_{i=0}^{k-1} \lambda_{ki} s_i$,$\lambda_{ki} = \dfrac{\nabla f(X_k)^T H s_i}{(X_k)^T H s_i}$,($0 \leq k \leq n-1, i = 0, 1, \cdots, k-1$)构造一组关于 H 矩阵共轭的方向向量 $s_k (k = 0, 1, \cdots, n-1)$,搜索步长 t_k 则采用一维搜索来确定。

(3) 牛顿法。选取 $-H(X_k)^{-1} \nabla f(X_k)$ 作为迭代方向,称为牛顿方向,$H(X_k)$ 为非奇异 Hessian 矩阵,搜索步长为 1。

(4) 变尺度法。又称拟牛顿法,梯度计算方法和牛顿法可统一写为:

$$X_{k+1} = X_k - t_k H_k \nabla f(X_k) \quad (6-2)$$

H_k 取单位矩阵 I^k 可得梯度法,取为 $[\nabla^2 f(X_k)]^{-1}$ 可得牛顿法,变尺度法的 H_k 采用介于 I^k 与 $[\nabla^2 f(X_k)]^{-1}$ 之间的矩阵,它具有牛顿法收敛快的优点而无须计算 $[\nabla^2 f(X_k)]^{-1}$,当 $k \to \infty$ 时,$H_k \to [\nabla^2 f(X_k)]^{-1}$,通常采用迭代法实现 $H_k \to [\nabla^2 f(X_k)]^{-1}$。

求 H_k 的 DFP 算法和 BFGS 算法如下。

DFP 算法:

$$\Delta H_k = \frac{X_k \cdot \Delta X_k^T}{\Delta X_k^T \cdot \Delta g_k} - \frac{H_k \cdot \Delta g_k \cdot (H_k \cdot \Delta g_k)^T}{\Delta g_k^T \cdot H_k \cdot \Delta g_k} \quad (6-3)$$

式中:$\Delta X_k = X_{k+1} - X_k$,$g_k = \nabla f(X_k)$,$\Delta g_k = g_{k+1} - g_k$。

BFGS 算法:

$$\begin{cases} B_{k+1} = B_k + \dfrac{g_k (\Delta g_k)^T}{(\Delta g_k)^T \Delta X_k} - \dfrac{B_k \Delta X_k (\Delta X_k)^T B_k}{(\Delta X_k)^T B_k \Delta X_k} \\ H_{k+1} = (B_{k+1})^{-1} \end{cases} \quad (6-4)$$

2) 直接法

直接法在迭代搜索中只用到函数的值,而不用函数的梯度信息,较有代表性的有方向加速法和步长加速法。

（1）方向加速法。又称 Powell 方法，在不依赖于目标函数梯度的直接方法中，方向加速法是最有效的方法。

设 $f(X)$ 为 n 元二次函数，开始以坐标轴上的单位向量 $e_1,e_2,\cdots,e_n$ 作为搜索方向向量，在迭代过程中，按一定的规律进行改造，逐步将 $e_1,e_2,\cdots,e_n$ 改造为搜索方向向量 $s_1,s_2,\cdots,s_n$，具体步骤如下。

① 给定初始点 X_1，计算精度 $\varepsilon>0$，初始向量 $e_1,e_2,\cdots,e_n$。

② 从 X_1 出发，依次沿 $e_1,e_2,\cdots,e_n$ 作一维搜索，求得的点依次为 $X_2,X_3,\cdots,X_{n+1}$。

③ 若 $\|X_{n+1}-X_1\|<\varepsilon$，$X^*=X_{n+1}$，退出迭代；否则，令 $\bar{s}_i=X_{n+1}-X_1$，进行一维搜索，求得 t 记为 t_i，令 $\bar{X}=X_{n+1}+t_i\bar{s}_i$，$\bar{f}=f(\bar{X})$，计算 $\Delta=\max\limits_{1\leqslant i\leqslant n}\{f_i-f_{i+1}\}$。

④ 若 $\Delta<\dfrac{1}{2}(f_1-2f_{n+1}+\bar{f})$，上一轮方向 $s_1,s_2,\cdots,s_n$ 不变，令 $X_1=\bar{X}$，返回②。

若 $\Delta>\dfrac{1}{2}(f_1-2f_{n+1}+\bar{f})$，则方向组换为 $s_1,s_2,\cdots,s_{i-1},s_{i+1},\cdots,s_n,\bar{s}_i$，令 $X_1=\bar{X}$，$k=1$，返回②。

（2）步长加速法。Powell 法从方向上挖掘潜力，步长加速法则从步长上挖掘潜力。步长加速法的基本思路是：设二元函数 $f(x)=f(x_1,x_2)$ 连续且二阶可微，在点 X_k 可用二阶 Taylor 展开近似代替，即用曲面 $z=f(x_1,x_2)$ 在 X_k 点的二次密切面 G 近似代替原曲面，通过寻找二次密切面等值线的两个主轴方向 r_1,r_2 可尽快搜索到局部最小点 X^*。步长加速法即是利用 $f(x)$ 的函数值，去构造 $f(x)$ 的局部主轴方向，从而尽快找到 X^*。

6.1.2 有约束优化方法

多维约束最优化问题的一般形式为

$$\begin{cases} \min f(X) & (X\in R^n) \\ \text{s.t.} \begin{array}{l} g_i(X)\leqslant 0 & (i=1,2,\cdots,m) \\ h_j(X)=0 & (j=1,2,\cdots,l) \end{array} \end{cases} \quad (6-5)$$

求解有约束最优化问题的方法可分为三大类：第一类是将有约束问题转换为无约束问题求解，如内点法、外点法、乘子法等；第二类方法一方面直接使 $f(X)$ 函数值不断下降，另一方面防止迭代点超出可行解外，如复合形法等；第三类方法则是利用一系列二次规划的解去逼近约束问题的最优解，如序列二次规划法等。下面仅介绍其中的罚函数算法。

罚函数法是将约束条件 $g_i(X)$ 和 $h_i(X)$ 以某种形式附加到目标函数上，对

$X \notin D$(D 为可行解域)的点的目标函数进行惩罚,对 $X \in D$ 的点的目标函数则不惩罚,从而形成一个无约束最优化问题。

1. 外点罚函数法

将约束最优化问题转换为无约束最优化问题,即
$$\min \varphi(X, \gamma) \qquad (6-6)$$
式中:$\varphi(X,\gamma) = f(X) + \gamma P(X)$,$\varphi(X,\gamma)$ 为惩罚函数;γ 为惩罚因子(取为任意正数);$P(X)$ 为惩罚项,$P(X)$ 需满足以下条件。

(1) $P(X)$ 在 R^n 上连续。

(2) $X \notin D$ 时,$P(X) > 0$;$X \in D$ 时,$P(X) < 0$。

满足以上条件的惩罚项并不唯一,通常可取惩罚项为
$$P(X) = \sum_{i=1}^{m} \{\max[0, g_i(X)]\}^2 + \sum_{j=1}^{l} h_j^2(X) \qquad (6-7)$$

外点罚函数法具体步骤如下。

(1) 给定初始点 X_0,选取初始惩罚因子 $\gamma_1 > 0$,惩罚因子放大系数 $\alpha > 0$,置 $k = 1$。

(2) 以 X_{k-1} 为初始点,求解无约束优化问题 $\min\{f(X) + \gamma_k(X)\}$,得其极小点 X_k。

(3) 若 $P(X) < \varepsilon$,则 $X^* = X_k$,停止迭代,否则转入(4)。

(4) $\gamma_{k+1} = \alpha \gamma_k$,$k = k + 1$,转入(2)。

由于迭代点 X_k 是从可行域外部逼近于最优解 X^*,故称外点法。

2. 内点罚函数法

可构造惩罚函数,即
$$\varphi(X, \gamma) = f(X) + \gamma_1 \sum_{i=1}^{m} \frac{-1}{g_i(X)} + \gamma_2 \sum_{j=1}^{l} h_j^2(X) \qquad (6-8)$$

在优化过程中惩罚因子 γ_1 逐步下降,γ_2 则逐步增大,迭代点 X_k 是从可行域内部逼近于最优解 X^*。

为了求得约束最优化问题,需求解惩罚因子 γ 逐步增大的一系列无约束最优化问题,因此罚函数法又称序列无约束极小化方法。

6.1.3 传统全局优化方法

无约束全局最优化问题的一般形式为
$$G\min f(X) \qquad (X \in \Omega \subset R^n) \qquad (6-9)$$

求解的方法通常有填充函数法、压缩变换法和随机投点法等,这里仅简介其中的填充函数法。

填充函数法是从有界闭域 Ω 任意初始点 X_0 出发,利用局部极小的方法求

出其中一个局部极小点 X_1^* 及相应的局部极小值 $f(X_1^*)$，然后排除 Ω 上比 $f(X_1^*)$ 更差的那些局部极小点，重复这些步骤。当 $f(X)$ 在 Ω 上的局部极小点数量有限时，经过有限步的重复迭代，一定能够找到 Ω 上的 $f(X)$ 全局极小点。在这个过程中，如何排除 Ω 上比 $f(X_1^*)$ 更差的局部极小点是算法的关键，填充函数法通过构造如下填充函数来实现，即

$$P(X,r,s) = \frac{1}{s+f(X)} \exp\left(-\frac{\|X-X_1^*\|^2}{r^2}\right) \tag{6-10}$$

式中：r、s 为两个可调参数；X_1^* 为 $f(X)$ 在 Ω 上求得的第一个局部极小点，选取 r、s 为适当的值，并在 X_1^* 附近任取一点作为初始点，求解 $\min P(X,r,s)$，所得的解记为 X_2。

可以证明 X_2 必定跳出 X_1^* 所在的凸区域 D_1 而进入另一个凸区域 D_2，以 X_2 为初始点，求 $\min f(x)$ 得解 X_2^*，可以证明 $f(X_1^*) \geqslant f(X_2^*)$，重复有限次后，一定能得到约束最优化问题的全局最优解。

对于有约束的全局最优化问题，其一般形式为

$$\begin{cases} \min f(X) & (X \subset \Omega \subset R^n) \\ \text{s.t.} \begin{array}{l} g_i(X) \leqslant 0 \quad (i=1,2,\cdots,m) \\ h_j(X) = 0 \quad (j=1,2,\cdots,l) \end{array} \end{cases} \tag{6-11}$$

通常是利用罚函数的思想，将有约束的全局最优化问题转化为无约束的全局最优化问题来求解。

6.1.4　多目标优化方法

多目标优化问题一般形式为

$$\begin{cases} \min [f_1(X),f_2(X),\cdots,f_p(X)]^T & (p \geqslant 2, X \in R^n) \\ \text{s.t.} \begin{array}{l} g_i(X) \leqslant 0 \quad (i=1,2,\cdots,m) \\ h_j(X) = 0 \quad (j=1,2,\cdots,l) \end{array} \end{cases} \tag{6-12}$$

求解多目标优化问题最基本的方法为评价函数法，其基本思想是：通过构造评价函数，将多目标问题转换为单目标优化问题，如理想点法、线性加权法、乘除法等。

1. 线性加权法

构造评价函数：

$$\varphi[F(X)] = \sum_{i=1}^{p} \omega_i f_i(X) \tag{6-13}$$

式中：$\omega_i \geqslant 0$ 为加权系数，$\sum_{i=1}^{p} \omega_i = 1$。

多目标函数优化问题转换为如下单目标优化问题，即
$$\min \varphi[F(X)] \quad (X \in D) \quad (6-14)$$

2. 乘除法

将 p 个目标函数分为两类，一类为 s 个目标函数越小越好，一类 $p-s$ 个目标函数越大越好，多目标优化问题转换为如下单目标优化问题，即

$$\min \varphi[F(X)] = \frac{\sum_{i=1}^{s} \omega_i f_i(X)}{\sum_{j=s+1}^{p} \omega_i f_i(X)} \quad (X \in D) \quad (6-15)$$

3. 理想点法

先求 p 个单目标函数的最优解，即
$$\min f_i(X) \quad (i=1,2,\cdots,p, X \in R^n) \quad (6-16)$$

称 $F^* = (f_1^*, f_2^*, \cdots, f_p^*)^T$ 为值域中的理想点，通常理想点难以达到，寻找距 F^* 最近的 F 作为近似解，即多目标优化问题转换为如下单目标优化问题：

$$\varphi[F(X)] = \sqrt{\sum_{i=1}^{p}[f_i(X) - f_i^*(X)]^2} \quad (X \in D) \quad (6-17)$$

6.2 现代优化方法

传统的优化算法发展成熟，具有较高的计算效率和可靠性，但由于其机理是建立在局部下降的基础上的，因而大多不太适合于全局优化问题的求解，并且由于优化过程中涉及函数的梯度，因此不能处理不可微的优化问题。现代优化算法涉及生物进化、人工智能、数学和物理学、神经系统和统计力学等各方面，它不需要使用函数的梯度，不要求函数具有连续性和可微性，计算过程对函数依赖性较小，具有适应范围广、鲁棒性好、适于并行计算等特点，适合于复杂的全局优化问题。

目前，应用比较广泛的有进化算法、模拟退火算法、集群算法及禁忌算法等，这里简要介绍粒子群算法、遗传算法和模型参考自适应搜索方法。

6.2.1 粒子群算法[5,6]

粒子群优化算法(particle swarm optimization，PSO)是由美国社会心理学博士 Kennedy 和电气工程学博士 Eberhart 受到 Boid 模型启发而提出的一种基于迭代优化的群智能随机优化算法。Boid 模型是由 Reynolds 在复杂适应系统 CAS 进行仿真研究时构建，该模型用于模拟鸟类聚集飞行行为。

1995 年，Kennedy 和 Eberhar 对 Boid 模型进行深入研究，重新定义了鸟群个体的飞行准则：①栖息地移动准则，即鸟群个体受栖息地的吸引而朝向栖息地位

置移动;②最优位置记忆准则,即鸟群个体能记忆当前时期距离栖息地的最优位置;③局部位置共享准则,即个体与邻居个体共享其相对于栖息地的最优位置。鸟群通过个体相互间的协作共享机制使得群体展现出强大的智慧。随后他们又研究了鸟群的觅食行为,并根据鸟群的这些群体行为规则和优化问题在求解上的相似性提出了用于解决优化问题的基本粒子群算法。

粒子群优化算法(PSO)通过群体内个体之间的信息共享来对问题的解进行协同搜索。由于算法结构简单、收敛速度快及搜索范围大等优点,自提出以来便引起了国内外学者的广泛关注,并在不同领域都得到快速广泛应用。算法通过模拟鸟群的迁徙和觅食行为来进行问题解空间的搜索,并根据个体对环境的适应度(fitness)移动位置。算法不像其他基于生物进化算法那样对个体采用遗传算子,而是将种群中的个体看作 D 维搜索空间中没有质量和体积但有速度(velocity)和位置(position)的飞行"粒子"(particle)。群体中的每个粒子的位置代表搜索空间中的一个可行解。粒子在搜索空间以一定的速度运动,粒子的飞行过程即为解的搜索过程。粒子位置的优劣程度通常通过给定目标函数的适应度值来衡量。粒子的飞行速度可根据粒子自身的飞行经验,即自身历史最优位置(local best position)和同伴的飞行经验(通常为种群中最佳粒子的位置,global best position)来进行动态调整。种群通过多次迭代来寻找搜索空间内的最佳粒子位置,即待求解问题的最优解。

1. 基本粒子群算法

假设搜索空间为 D 维,搜索空间中有 NP 个粒子构成一个粒子种群,对于每个粒子个体用一维向量 $\boldsymbol{X}$ 表示其空间位置,用速度向量 $\boldsymbol{V}$ 来表示其空间移动方向和距离。种群中第 i 个粒子在第 t 次迭代时,粒子可以用位置和速度来表示:位置向量可以表示为 $\boldsymbol{X}_i(t) = [x_i^1(t), x_i^2(t), \cdots, x_i^D(t)]^T$,速度向量可以表示为 $\boldsymbol{V}_i(t) = [v_i^1(t), v_i^2(t), \cdots, v_i^D(t)]^T$。截至第 t 代,粒子 i 搜索到的最好位置记为 $\boldsymbol{P}_i(t) = [p_i^1(t), p_i^2(t), \cdots, p_i^D(t)]^T$,也成为局部历史最优位置,记为 $Pbest_i(t)$。群体中所有粒子经历过的全局最优位置记为 $Gbest_i(t)$,则基于最小化优化问题计算时 $Gbest_i(t)$ 可以由下式得到,即

$$Gbest(t) = \min\{pbest_1(t), pbest_2(t), \cdots, pbest_{NP}(t)\} \qquad (6-18)$$

当算法迭代到下一代即 $t+1$ 代时,第 i 个粒子的第 j 维位置参数 $x_i^j(t)$ 和速度参数 $v_i^j(t)$ 可以根据上 代的信息和当前的相关信息进行位置和速度的更新。基本粒子群算法的迭代更新过程可以由下式表示:

$$v_i^j(t+1) = v_i^j(t) + c_1 r_1 (pbest_i^j(t) - x_i^j(t)) + c_2 r_2 (gbest^j(t) - x_i^j(t))$$

$$(6-19)$$

$$x_i^j(t+1) = x_i^j(t) + v_i^j(t+1) \qquad (6-20)$$

式中:$t=1,2,\cdots,T_{\max}$为算法迭代的次数;$i=1,2,\cdots,NP$为第i个粒子本体;NP为当前种群的规模大小;$j=1,2,\cdots,D$为待优化问题的维数;c_1和c_2为加速因子,通常可在$[0,2]$范围内取值。

如果加速因子设置过小,则将会引起粒子在目标区域附近徘徊现象,而较高的加速常数设置会将粒子迅速拉向目标区域或跃过目标区域,基本粒子算法中通常将该值设置为常数2;r_1和r_2为数值在0和1范围且符合均匀分布的随机小数,即$r_1,r_2\in[0,1]$。

式(6-19)计算过程中数值$v_i^j(t)$太大或太小可能间接导致位置参数$x_i^j(t)$超出问题的求解空间,因此需要对速度和位置进行范围限定(边界处理)以保证搜索解的有效性。在基本粒子群算法中,粒子的速度被最大速度$V_{\max}$限制,如果粒子的某个维度速度数值超出了速度上限,则将该维的数值设置为最大速度数值。此外基于其他边界处理的办法也有多种,如边界吸收法,即当超过上边界或下边界时将数值设置成相应的边界值;边界反弹法,当出现$x_i^j>X_{\max}^j$时,则$x_i^j=2X_{\max}^j-x_i^j$,反之如果$x_i^j<X_{\min}^j$时,则$x_i^j>2X_{\min}^j-x_i^j$;随机初始化法,则将其重新随机生成为新的参数值$x_i^j=X_{\min}+\mathrm{rand}()*(X_{\max}^j-X_{\min}^j)$。

基本粒子群算法的速度公式(6-19)共包含3部分内容:第一部分为$v_i^j(t)$表示粒子上一次迭代中的速度,代表了粒子的运动惯性,同时也反映了粒子自我学习能力;第二部分为粒子个体的"自我认知"(cognition)部分,代表了粒子自身的经验和思考,即向自身优秀经验学习的能力,其中加速因子c_1用来调节粒子飞向个体历史最优位置的移动步长;第三部分表示粒子的"社会认知"(social)部分,代表了粒子对社会经验的思考和学习,即粒子向整个群体学习的能为,其中加速因子c_2用以控制粒子飞向群体中全局最优位置的移动步长。基本粒子群算法的速度更新公式形式直接决定了算法在解空间中的综合搜索能力。

2. 标准粒子群算法

标准粒子群算法(standard particle swarm optimization SPSO)是由Eberhart和Shi在基本粒子群算法的基础上提出的,该算法也被看作PSO算法的通用标准版本,算法在基本粒子群算法速度更新公式中引入了惯性系数w,用以加强算法空间探索能力和对搜索范围的控制。惯性权重算法的速度和位置更新公式如式(6-21)和式(6-22)所示,在Eberhart和Shi的研究中,惯性权重w线性递减的方式从0.9降为0.4,权重在调节过程中粒子搜索的情况也逐渐由全局的广度搜索逐步过渡到局部深度搜索,实现了全局搜索和局部搜索的平衡,减弱甚至消除基本粒子群算法中因速度边界处理时对算法性能的影响。全局搜索比较好的优化策略是在搜索前期算法应具备较好的广度探索能力(breadth search)以便得到优秀的解,后期搜索算法应具有较好的深度搜索能力(deep search)以便加快算法的收敛速度。这里的广度搜索指粒子偏离原来搜索轨道进入其他位置区域进行新解的搜索,深度搜索指的是当前粒子在较大程度上在当前解的附近进行局部精细搜索:

$$v_i^j(t+1) = wv_i^j(t) + c_1 r_1 (\text{pbest}_i^j(t) - x_i^j(t)) + c_2 r_2 (\text{gbest}^j(t) - x_i^j(t))$$
(6-21)

$$x_i^j(t+1) = x_i^j(t) + v_i^j(t+1)$$
(6-22)

惯性参数 w 可以是正数也可以是以进化时间为变量的线性或非线性实数。在式(6-21)和式(6-22)中,当 $w=1$ 时,算法就退化成了基本粒子群算法,去除其他常数因子,此时速度 V_{max} 就成了需要调节的唯一参数,在基本粒子群算法中 V_{max} 的各个维度的范围 v_{max}^j 一般将其设置为维度变化范围的 10%~20% 或者直接将其设定为 $V_{max} = X_{max}$;当 $w>1$ 时,粒子速度随迭代次数的进行而逐渐增加,将使得粒子不容易飞向好的搜索区域,进而出现群体发散;当 $0<w<1$ 时,粒子在演化的过程中速度逐渐降低,收敛性能取决于参数加速参数 c_1 和 c_2。Nickabadi 等将不同的惯性权重划分为三种类型。

(1) 常数权重和随机权重,例如 $w=0.721$,或 $w=0.5+\text{rand}()/2.0$。

(2) 基于时间的动态权重,或者 $w = \left(\dfrac{2}{iter}\right)^{0.3}$ 或 $w = \left(\dfrac{iter_{max} - iter}{iter_{max}}\right) * (w_{init} - w_{end}) + w_{end}$。

(3) 自适应权重,这类权重的设置通常建立在反馈机制上,总之将惯性权重引入到基本 PSO 算法使算法整体搜索性能得到较大提高,并使算法在多领域得到广泛地应用。

6.2.2 遗传算法[7-8]

1975 年,美国 Michigan 大学的 John Holland 教授提出遗传算法(genetic algorithms,GA)。算法的基本思想来源于达尔文的进化论、孟德尔的群体遗传学说和魏茨曼的物种选择学说,它是通过模拟自然界中的生物遗传机制和进化论而形成的一种过程搜索最优解的算法。算法中存在一个代表潜在解集的种群,该种群由经过基因编码的一定数目的个体组成,每个个体携带不同的染色体,染色体作为遗传物质的主要载体表现为某种基因组合,决定了个体的性状的外部表现。初代种群产生之后,按照适者生存和优胜劣汰的原理,逐代演化产生出越来越好的近似解。对应于遗传算法,即是根据问题中个体的适应度大小按照相应的规则挑选个体,根据遗传算子进行组合交叉和变异,产生出新的种群解集。该过程将使种群像自然进化一样,后生代种群比前代更加适应环境,末代种群中的最优个体即为近似最优解。

标准遗传算法是各种遗传算法的基础,其基本步骤如下。

(1) 对个体进行染色体编码。

(2) 根据问题的目标函数,构建一个客观的适应度函数。
(3) 随机产生初始种群,生成满足所有约束条件的可行解。
(4) 计算种群中每个可行解的适应度。
(5) 如果找到问题的最优解或达到最大遗传代数,退出循环。否则,转入(6)。
(6) 根据每个可行解的适应度,进行选择操作,产生新的种群。
(7) 进行交叉操作和变异操作。
(8) 返回至(4)。

遗传算法基本流程如图 6-1 所示。

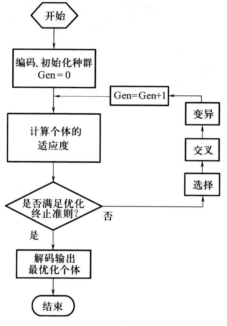

图 6-1 遗传算法基本流程

标准遗传算法中,主要操作包括编码、构造适应度函数和遗传操作(选择、交叉和变异)。

1. 编码策略

在遗传算法中,把可行解从解空间转换到搜索空间的方法称为编码。编码方法除了决定个体染色体排列方式,也决定个体从搜索空间到解空间的解码方法,还影响遗传算子的运算方法,因此编码是应用遗传算法时要解决的首要问题,也是设计遗传算法时的一个关键步骤。

最常用的编码方法是二进制编码,它所构成的基因型为一个二进制符号串。二进制编码的优点是编码、解码简单易行,交叉、变异等遗传操作便于实现,但二进制编码不能直接反映问题的结构,精度不高,个体长度大,占用内存多。

2. 适应度函数

在遗传算法中,适应度较高的个体遗传到下一代的概率较大,适应度较低的个体遗传到下一代的概率就相对较小。度量个体优劣程度的函数称为适应度函数,适应度函数选择是否恰当直接关系到遗传算法的收敛速度及能否得到最优解。

一般适应度函数由目标函数变化而来,通常应满足如下条件,即:适应度函数应为单值、连续、非负函数;应合理反映对应解的优劣程度且函数值易于计算;应对某类问题具有较好的通用性。常用的适应度设计方法有如下3种。

(1) 目标函数直接转换为适应度函数,可表示如下:

$$\text{对于最大化问题 Fit}(\boldsymbol{X}) = f(\boldsymbol{X}) \tag{6-23}$$

$$\text{对于最小化问题 Fit}(\boldsymbol{X}) = -f(\boldsymbol{X}) \tag{6-24}$$

这种适应度函数简单直观,但常不满足非负要求,且导致函数值分布差别较大,影响算法性能。

(2) 对于最大化问题,则

$$\text{Fit}(\boldsymbol{X}) = \begin{cases} f(\boldsymbol{X}) + c_{\min} & (f(\boldsymbol{X}) + c_{\min} > 0) \\ 0 & (\text{其他}) \end{cases} \tag{6-25}$$

对于最小化问题,则

$$\text{Fit}(X) = \begin{cases} c_{\max} - f(\boldsymbol{X}) & (f(\boldsymbol{X}) < c_{\max}) \\ 0 & (\text{其他}) \end{cases} \tag{6-26}$$

式中:$c_{\min}$ 为适当小的正数;$c_{\max}$ 为较大的正数。

(3) 对于最大化问题,则

$$\text{Fit}(\boldsymbol{X}) = \frac{1}{1 + f(\boldsymbol{X}) + c} \quad (c \geq 0, f(\boldsymbol{X}) + c \geq 0) \tag{6-27}$$

对于最小化问题,则

$$\text{Fit}(\boldsymbol{X}) = \frac{1}{1 - f(\boldsymbol{X}) + c} \quad (c \geq 0, c - f(\boldsymbol{X}) \geq 0) \tag{6-28}$$

式中:c 为目标函数界限的保守估计值。

3. 选择

遗传算法使用选择算子来对群体中的个体进行优胜劣汰操作,即确定如何从父代群体中选取个体遗传到下一代个体中。选择操作建立在对个体的适应度进行评价的基础之上,其主要目的是避免基因缺失,提高全局收敛性和计算效率。

常用的选择类型有以下几种。

(1) 比例选择。每个个体被选择的概率与其适应度成正比。

(2) 精英保留策略。在每一代进化过程中,选择一个或多个适应度最高的个体,不参加交叉、变异等操作,直接复制到下一代。这种策略保证在优化过程中,精英个体不被遗传算法破坏,既能改善算法的收敛性又能保证优良基因不会过早丢失。

(3) 排序选择。对群体中所有个体按适应度大小进行排序,基于这种排序分配各个体被选择的概率。

(4) 联赛选择。在群体中随机选择几个个体,将其中适应度最高的一个个体遗传到下一代,重复 n 次操作,选择 n 个个体遗传到下一代。

4. 交叉

交叉运算是遗传算法区别于其他进化算法的重要特征,它在遗传算法中起着关键作用,是产生新个体的主要方法。

遗传算法中,在交叉运算之前还必须先对群体中的个体进行配对。目前常用的配对策略是随机配对。交叉算子设计和实现与所研究的问题密切相关,一般要求它既不要太多地破坏个体编码串中表示优良性状的优良模式,又要能够有效地产生出一些较好的新个体。

常用的交叉算子有以下几种。

(1) 单点交叉。在个体编码串上随机设置一个交叉点,在该点相互交换两个配对个体的部分染色体。

(2) 两点交叉与多点交叉。在个体编码串上随机设置两个或多个交叉点,然后进行基因互换。

(3) 算术交叉。将两个个体的染色体进行线性组合形成新的染色体。

(4) 基于方向交叉。采用目标函数值确定搜索方向,假设两个参与交叉的染色体为 X_1、X_2,若:对于最大化问题,$f(X_1) \leq f(X_2)$;对于最小化问题,$f(X_1) \geq f(X_2)$,则产生新的染色体 $X' = r(X_2 - X_1) + X_2$,其中 r 为 $[0,1]$ 的随机数。

5. 变异

遗传算法中的变异运算,是指将个体染色体编码串中的某些基因座上的基因值用该基因座的其他等位基因来替换,从而形成一个新的个体。

变异操作是随机进行的,具有局部的随机搜索能力,而且使遗传算法可保持种群中个体的多样性,防止出现早熟现象,克服有可能陷入局部解的弊病。

常用的变异类型有以下几种。

(1) 按位变异。在个体染色体编码串随机指定的一个或多个位置上作变异运算。

(2) 均匀变异。在指定的范围内,选取均匀分布的随机数,替换某基因位上的原有基因值。

(3) 动态变异。又称非均匀变异,若父代染色体 A 中基因 a_k 被选中变异,则后代为 $A': a_1 a_2 \cdots a'_k \cdots a_n$,其中 a'_k 由 $a'_k = a_k + \Delta(t, a_k^U - a_k)$ 或 $a'_k = a_k - \Delta(t, a_k - a_k^L)$ 给出,其中 a_k^U、a_k^L 为 a_k 上、下限,函数 $\Delta(t,y)$ 由 $\Delta(t,y) = y \cdot r \cdot \left(1 - \dfrac{t}{T}\right)^b$ 给出,其中 r 为 $[0,1]$ 随机数,T 为最大代数,b 为确定不均匀度的参数。

6. 遗传算法参数的选择

遗传算法中需要选择的运行参数主要有种群规模、交叉率、变异率、最大代数及终止条件等,这些参数对遗传算法的运行性能影响较大。

(1) 种群规模。即种群中个体数。种群规模小则算法运行速度高,但因含基因数量少,易造成算法早熟;种群规模大则计算量大,易造成算法运行效率低。

(2) 交叉率。即种群中参与交叉运算的染色体个数与个体总数之比。交叉率越高产生的新个体越多,交叉率过高则易破坏种群中的优良基因。

(3) 变异率。即种群中参与变异运算的染色体个数与个体总数之比。与交叉率一样,变异率过高易破坏种群中的优良基因,另外,变异率越低则通过变异操作产生的新个体的能力及抑制早熟现象的能力就越差。

(4) 最大代数。表示遗传算法终止的一个参数,其值的选取应合理。

(5) 终止条件。即算法终止的条件。一般当种群已进化成熟且不再出现进化趋势即可终止算法。

常用的终止条件有以下几点。

① 连续几代个体平均适应度变化小于某个极小的阈值时,终止算法,该代种群中适应度最大的个体即为所求最优解的近似解。

② 群体中所有个体的方差小于某个极小的阈值时,终止算法。

③ 迭代次数达到最大代数时,终止算法。

7. 遗传算法的特点

(1) 遗传算法从问题解的子集开始搜索,而不是从单个解开始,这是遗传算法与传统优化算法的最大区别。遗传算法是以点集开始的寻优过程,初始群体是随机地在搜索空间中选取的,覆盖面大,这样在搜索过程利于全局选优。

(2) 遗传算法不是处理决策变量本身,而是处理其参数代码,具有良好的可操作性,特别是对只有代码概念的优化问题,遗传算法有其独特的优越性。

(3) 遗传算法求解时使用适应值这一信息进行搜索,不需要导数等与问题直接相关的信息,容易形成通用算法程序。

(4) 遗传算法中的选择、交叉和变异都是使用概率转换规则,具有全局寻优的特点。

(5) 遗传算法具有很强的搜索能力,能以很大概率找到问题的全局最优解;其次,由于它固有的并行性,能有效地处理大规模优化问题。

6.2.3 多目标遗传算法

多目标优化问题与单目标优化问题有着本质的差别,在单目标优化问题中,最优解通常是唯一确定的。而对多目标优化问题而言,由于目标函数之间是不可折中和不可融合的,即不能同时在所有子目标上都达到最优,只能在多个子目标之间进行协调与权衡,使优化决策人的偏好尽可能得到满足。

在多目标优化问题中,Pareto 占优、Pareto 最优解是非常重要的概念,其定义如下。

(1) Pareto 占优即向量 $\boldsymbol{u}=(u_1,u_2,\cdots,u_k)$ 优于向量 $\boldsymbol{v}=(v_1,v_2,\cdots,v_k)$ (记为 $\boldsymbol{u}\leqslant\boldsymbol{v}$),当且仅当 $\forall i\in(1,2,\cdots,k), u_i\leqslant v_i$,且 $\exists i\in(1,2,\cdots,k)$ 使得 $u_i<v_i$ 成立。

如图 6-2 所示,解点 A、B、C 为非支配点,A 点 Pareto 支配 D 点,C 点 Pareto 支配 E 点。

(2) $\tilde{x}\in X$ 是(1)的 Pareto 最优解,当且仅当不存在 $x\in X$ 使得 $F(x)$ 优于 $F(\tilde{x})$。Pareto 最优解也称非劣解和有效解,相应的目标向量称为非占优解。

集合 $P^*=\{x\in X:x$ 是(1)的 Pareto 最优解$\}$ 称为(1)的 Pareto 最优解集。而 P^* 在 F 下的像集,即 $F(P^*)=\{F(x)\mid x\in P^*\}$ 构成(1)的 Pareto 前沿,如图 6-3 所示。

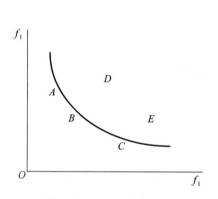

图 6-2　Pareto 支配关系

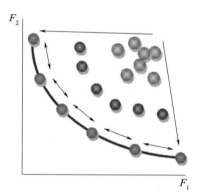

图 6-3　*Pareto* 前沿

遗传算法具有前面所述众多优点,适合于求解多目标优化问题。多目标遗传算法发展至今已经历三代,最早的研究主要集中在如何向 Pareto 解集搜索。第二代算法全面应用了小生境概念,目的是保持 Pareto 解的多样性。第三代则是在 20 世纪 90 年代以后,多目标遗传算法都应用了精英策略以改善算法的收敛性。经过多年的发展,多目标遗传算法多种多样,如基于向量评估的遗传算法(VEGA)、基于 Pareto 支配定义的锦标赛选择机制的小组决胜遗传算法(NPGA)、基于密度的遗传算法(MOMGA)和非支配排序遗传算法(NSGA)及其改进算法 NSGA-Ⅱ等,其中 NSGA 和其改进算法 NSGA-Ⅱ,在多目标优化领域中具有明显的优势,应用最为广泛。下面将简要介绍 NSGA 和 NSGA-Ⅱ。

1. 非支配排序遗传算法[8]

非支配排序遗传算法(Non-dominated Sorting Genetic Algorithm,NSGA)是一种基于 Pareto 最优概念的多目标遗传算法,该算法在选择算子执行之前根据个体之间的支配关系进行了分层,其选择算子、交叉算子和变异算子与简单遗传算法没有区别。

NSGA 的主要思想有两个:第一,利用非支配排序算法对种群进行非支配分层,然后再通过选择操作得到下一代种群;第二,使用共享函数的方法保持群体的多样性。首先找出当前种群中的非劣最优解,所有这些非劣最优解构成第一个非劣最优解层,并赋其一个大的虚拟适应值。为了保证种群的多样性,这些非劣最优解共享它们的虚拟适应值。将个体原来的适应值除以与其周围的个体数目成比例的一个数,根据这个降低后的适应值执行选择操作以实现共享,这样使得多个优点共存于种群中。以同样的方法对种群中剩下的个体进行分类,找出第二层非劣最优解,给这些点赋一个新的虚拟适应值,该值要小于上一层中最小的共享虚拟适应值,重复操作直至整个种群划分完毕。

在 NSGA 中对每个局部的 Pareto 曲面(线)上的所有个体分别采用适应度共享策略,有利于保持群体多样性,可以克服超级个体的过度繁殖,防止早熟收敛。

算法根据适应度共享对虚拟适应值重新指定,如指定第一层个体的虚拟适应值为 1,第二层个体的虚拟适应值应该相应减少,可取为 0.9,依次类推。这样可使虚拟适应值规范化,并且优良个体的适应度值保持优势,可以有更多的复制机会,同时也维持了种群的多样性。

由于采用了适应度共享,对于在共享半径 σ_{share} 内的个体适应度相应减少为

$$f(x) = \frac{f'(x)}{\sum_{y \in p} s(d(x,y))} \tag{6-29}$$

式中:x,y 为个体;$f(x)$ 为个体 x 共享后的适应度值;$f'(x)$ 为个体 x 共享前的适应度值;s 为共享函数;d 为距离函数;p 为种群。

共享函数 s 表示个体 x 和小生境群体中其他个体的关系,即

$$s(d(x,y)) = \begin{cases} 1 - \left(\dfrac{d(x,y)}{\sigma_{share}}\right)^{\alpha} & (若\ d(x,y) < \sigma_{share}) \\ 0 & (其他) \end{cases} \tag{6-30}$$

根据距离函数 $d(x,y)$ 的不同定义,有 3 种共享方式。

(1) 在编码空间中的适应度共享,即

$$d(x,y) = \|x_i - y_i\| \tag{6-31}$$

式中:$d(x,y)$ 为采用二进制编码方式时的距离函数,$x_i \in x, y_i \in y, (i = 1,2,\cdots,n,)$ 表示二进制编码的串长。

(2) 在决策变量空间中的适应度共享,即

$$d(x,y) = \|m(x) - m(y)\| \tag{6-32}$$

式中:函数 $m(x)$ 和 $m(y)$ 表示从编码空间到决策变量空间的映射函数。

(3) 在目标函数空间中的适应度共享,即
$$d(x,y) = \|f(m(x)) - f(m(y))\| \tag{6-33}$$
式中:$f(m(x))$、$f(m(y))$ 分别为目标函数。

NSGA 基本流程图如图 6-4 所示。

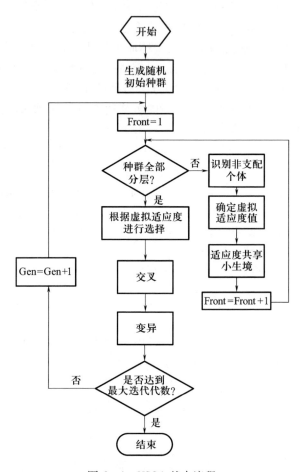

图 6-4 NSGA 基本流程

NSGA 把非支配排序的概念引入了多目标优化领域,取得了较好的效果。但 NSGA 本身存在许多不足之处,使得它在处理高维、多模态等问题时,难以得到满意的结果。

NSGA 存在的主要问题如下。

(1) 计算复杂度较高导致效率不足。即构造 Pareto 最优解集(通常是构造进化群体的非支配集)的时间复杂度高,为 $O(MN^3)$(M 表示目标函数个数,N 表示种群规模)。当处理大种群问题时,计算代价太大,尤其是当种群在每代都需

要进行排序时,这种消耗则更明显。

(2) 缺乏精英策略,即没有最优个体保留机制。精英策略可以明显改善遗传算法的收敛特性,同时可以避免优秀解的丢失。

(3) 需要特别指定共享半径。共享可以确保种群的多样性,但共享半径σ_{share}的大小不易确定,动态修改共享半径更为困难。

2. NSGA-Ⅱ

2000年,Deb等在NSGA的基础上提出了一种精英策略的非劣分类遗传算法NSGA-Ⅱ[9-11]。NSGA-Ⅱ有效克服了NSGA的三大缺陷,从而进一步提高了计算效率和算法的鲁棒性,这体现在3个方面:第一,改进了非支配排序算法,使算法时间复杂度由原来的$O(MN^3)$降至$O(MN^2)$,从而提高了算法的效率;第二,采用了最优保留策略,使算法的收敛性得到提高;第三,采用一个聚集过程,保持解的多样性,代替NSGA的共享机制,解决了共享参数难以确定的缺点。

1) 改进的非支配排序法

为了对具有N个个体的种群按照非劣等级进行分类,每个解都要与种群中的所有解进行比较来决定它是否被支配,比较的时间复杂度是$O(MN)$,其中M是目标数。持续这个过程,直到从所有个体中找到处于第一非劣等级中的个体,总的时间复杂度是$O(MN^2)$。在这一步,第一非劣等级中的所有个体被寻找到,重复这一过程找到随后各等级中的个体,如不采用保留策略,在最坏情况下(每个等级的非劣解集中仅有一个解)这种算法时间复杂度为$O(MN^3)$。而NSGA-Ⅱ中所采用的非支配分类方法所需处理时间最大为$O(MN^2)$。

非支配排序法由两部分组成,第一部分计算两个量:一个量为n_i,支配解i的解的个数;另一个量为s_i,记录被个体i支配的个体的集合。这两个量的计算时间为$O(MN^2)$。随后,将所有$n_i=0$的解放入解集F_1中,称F_1是当前非支配解,其等级为1。对当前非支配解中的每个解i,考察其支配集S_i中的每一点j并将n_j减少一个,如果某一个体j其n_j为零,把它放入单独的类H。如此往复考察所有的点,得到当前非支配解H(等级为2)。重复上述过程,直至所有解被分类。最终将所有的解按照非劣关系分为多个等级,其中F_1中的解是最好的,即为精英解,它只支配解而不被其他任何解支配。

每次迭代时间为$O(N)$,由于最多有N个解集,那么最坏情况下这个循环的时间为$O(N^2)$。总时间复杂度为$O(N^2)+O(MN^2)$或者$O(N^2)$。

2) 拥挤距离

种群中某个个体i的拥挤距离d_i是一个在个体i周围不被种群中任何其他的个体所占有的搜索空间的度量。为了估计种群中某个个体i周围个体的密度,取个体i沿着每个目标的两边的两个个体$(i-1)$、$(i+1)$的水平距离,数量d_i作为M个距离之和的估计值,称之拥挤距离,如图6-5所示。

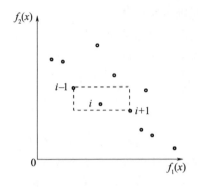

图 6-5 个体间的拥挤距离

计算拥挤距离的步骤如下。

第一步:每个点的拥挤距离 d_i 置为 0。

第二步:设 f_m 为目标函数, $m = 0, 1, 2, \cdots, M$,设 $d_0 = d_l = \infty$,并且对其他所有个体 $(i = 1, 2, \cdots, l-1)$ 分配拥挤距离

$$d_i = \sum_{m=0}^{M} (f_m^{i+1} - f_m^{i-1}) \tag{6-34}$$

式中:f_m^{i+1} 为第 $i+1$ 个点的第 m 个目标函数值。

在 NSGA-Ⅱ中,定义拥挤比较算子 $<_n$ 如下:

$$\text{if}(i_{\text{rank}} < j_{\text{rank}}) \text{ or}(i_{\text{rank}} = j_{\text{rank}}) \text{ and }(i_{\text{distance}} > j_{\text{distance}})$$
$$i <_n j \tag{6-35}$$

它假设每个个体 i 有两个属性:一是种群中的非劣等级 r_i,二是种群中的局部拥挤距离 d_i。依据这两个属性,可以定义拥挤度选择算子。

个体 i 与另一个个体 j 进行比较,只要下面任意一个条件成立,则个体 i 获胜。

① 如果个体 i 所处等级优于个体 j 所处等级,即 $r_i < r_j$。

② 如果它们有相同的等级,且个体 i 比个体 j 有一个更大的拥挤距离,即 $r_i = r_j$ 且 $d_i > d_j$。

第一个条件确保被选择的个体属于较优的非劣等级。第二个条件根据它们的拥挤距离进行选择,即在同一非劣等级而不分胜负的两个个体中,选择具有较大拥挤距离 d_i 的个体。

通过使用拥挤比较过程引入了非劣解集内个体的多样性分布。由于个体通过它们的拥挤距离进行竞争,因此,这里不需要专门的小生境参数(例如在 MOGA、NSGA 和 NPGA 中需要的共享参数 σ_{share})。

3) NSGA-Ⅱ流程

首先,随机产生规模为 N 的初始种群,非支配排序后通过遗传算法的选择、

交叉、变异3个基本操作得到第一代子代种群;其次,将父代种群与子代种群合并,进行快速非支配排序,同时对每个非支配层中的个体进行拥挤度计算,根据非支配关系以及个体的拥挤度选取合适的个体组成新的父代种群;最后,通过遗传算法的基本操作选择、交叉和变异产生新的子代种群;重复此过程,直到满足算法结束准则而结束。

NSGA-Ⅱ的算法流程如图6-6所示。

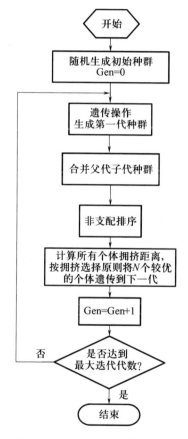

图6-6 NSGA-Ⅱ的算法流程

6.2.4 模型参考自适应搜索方法

模型参考自适应搜索(model reference adaptive search,MRAS)方法[12-16]是由纽约州立大学石溪分校应用数学与统计系的Jiaqiao Hu等受EDA和CE法主要思想的启发而提出的一类新的基于模型的算法。MRAS方法中的系列参考分布可以看作在基于比例选取方案的EDA中采用的广义概率分布模型。MRAS

方法的核心思想与 CE 法类似,即都采用了一组抽样分布并通过使抽样分布与参考分布之间的 K - L 散度最小来更新抽样分布的参数向量,因此也有学者称 MRAS 方法为类 CE 法。MRAS 方法被认为是 EDA 和 CE 法的组合方法,继承了两者的优点。

MRAS 方法与 EDA 主要不同在于:MRAS 方法中的系列参考分布直接依赖于对候选方案的性能进行估计,因此可以自动考虑设计变量之间的相关性,而无须像 EDA 中需要单独考虑变量间相关性问题。MRAS 方法与 CE 法主要不同点是:CE 法仅使用了一个最优分布指导抽样分布参数向量的更新,而 MRAS 方法在优化迭代过程中采用的是一系列的中间概率分布更新抽样分布的参数向量。因此,CE 法也可看作 MRAS 方法的一个实例。

MRAS 方法的基本框架如下所示:

(1) 选取抽样分布 $\{f_\theta\}$ 和参考分布 $\{g_k\}$;
(2) 给定参数向量 $\boldsymbol{\theta}_k$,从抽样分布 $f_{\boldsymbol{\theta}_k}$ 中抽取 N 个候选方案 $X_k^1,\cdots,X_k^N$;
(3) 基于抽取的方案,通过使 K - L 散度最小更新参数向量 $\boldsymbol{\theta}_k$,即

$$\boldsymbol{\theta}_{k+1} = \underset{\theta \in \Phi}{\operatorname{argmin}} D(g_{k+1}, f_\theta) \qquad (6-36)$$

(4) 判断是否满足停止准则,如果满足,则算法停止;否则,令 $k = k + 1$,算法跳到第二步并重复迭代。

MRAS 方法中将抽样分布 f_θ 作为参考分布 g_k 的代理分布,用于直接抽取样本方案。抽样分布采用的是一组指定的自然指数族,其目的除了便于抽样,还可以将更新概率分布的问题简化为更新参数向量。构建抽样模型的方法有很多,如在 AAS 中每次迭代时采用马尔可夫链蒙特卡罗技术近似目标玻耳兹曼分布;在传统的 EDA 中采用的是直接从经验分布模型中抽取候选方案。最常用的抽样分布为高斯分布,近几年伽马分布也开始引起学者的注意。由于 MRAS 方法中抽样分布具有显示的表达形式,因而便于算法的收敛性分析。

MRAS 方法的优化性能在某种程度上依赖于参考分布的选取,参考分布需要具有收敛到退化分布的能力。由于参考分布有时是抽象的表达式或很难被准确计算的适用度函数积分式,因此很难直接从参考分布中进行抽样。在 MRAS 方法中是通过采用抽样分布作为参考分布的复杂近似进行抽样的,参考分布仅用于指导抽样分布的更新,因此无须建立准确的参考分布模型,从而避免了建立准确模型所需要的大量仿真计算。

存在多种方法用于构建参考分布 g_k,如按比例选取方案中参考分布可写成如下形式:

$$g_k(x) = \frac{H(x)g_{k-1}(x)}{\int_\chi H(x)g_{k-1}(x)v(\mathrm{d}x)} \qquad \forall x \in \chi \qquad (6-37)$$

其中,$g_0(x)>0$是在解空间χ上的初始概率密度函数,性能函数$H(x)>0$,式(6-36)具有性能更优的方案被抽取的概率更大的性质。

对式(1-2)两边同时乘以$H(x)$并在解空间进行积分可得

$$E_{g_k}[H(X)] = \frac{E_{g_{k-1}}[(H(X))^2]}{E_{g_{k-1}}[H(X)]} \geq E_{g_{k-1}}[H(X)] \quad (6-38)$$

式(6-37)表明:每次迭代后,目标函数的期望值呈单调递增性。

当参考分布收敛时,可知:$\lim_{k\to\infty} E_{g_k}[H(X)] = H(X^*)$。此时,抽样分布也会收敛到最优解。

将参考分布映射到抽样分布上以获得具有期望收敛性的抽样分布,即通过映射使得抽样分布具有参考分布的某些特性。映射是通过最小化参考分布和抽样分布之间的K-L散度实现的。在求解K-L散度过程中,抽样分布产生的样本方案通过蒙特卡罗方法用于对散度中的期望进行无偏估计,这是MRAS方法具有处理高维优化问题潜力的一个重要因素。

为了更直观地阐述MRAS方法优化原理,图6-7是MRAS方法对一个一维函数$H(X)$进行优化的迭代示意图。图6-7中的下图为函数$H(X)$的性能空间结构图,该函数包括4个极大值,其中1个为最大值,横坐标为变量的取值,纵坐标为目标函数值。图6-7中的上图为抽样分布的迭代示意图,图中抽样分布为高斯分布,横坐标为变量取值,纵坐标为概率密度函数值,迭代顺序依次是1→2→3→4,最终搜索到最优方案X^*,对应最优值为$H(X^*)$。

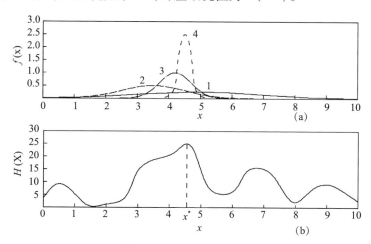

图6-7　MRAS方法优化迭代示意图

由于MRAS方法的基本思想类似于自适应控制学科中参考模型的作用,因此将这类算法称为模型参考自适应搜索方法。

MRAS算法是MRAS方法中最基础的算法实例,其他MRAS方法都是在

MRAS 算法核心思想上发展而来的。Hu 对 MRAS 算法作了系统研究,并提出了 3 个版本的 MRAS 算法。

(1) $MRAS_0$ 版本:是一种理想版本,假设分位数和期望都可以准确计算,因而很难直接用于解决实际优化问题。

(2) $MRAS_1$ 版本:是蒙特卡罗版本,该版本中分位数和期望的准确值采用相应的样本平均进行估计。

(3) $MRAS_2$ 版本:是用于求解随机优化问题而提出的版本,由于本书针对的是确定性优化问题,因此该版本超出本文研究范围,在此不作研究。

$MRAS_0$ 版本的优化迭代流程如下:

(1) 初始化:指定参数 $\rho \in (0,1]$,较小值 $\varepsilon \geq 0$,严格递增函数 $S(\cdot)$ 和初始概率密度函数 $f(x,\theta_0) > 0$,设置初始迭代步数 $k=0$。

(2) 计算 $1-\rho$ 分位数:

$$\gamma_{k+1} := \sup\{l : P_{\theta_k}(H(X) \geq l) \geq \rho\} \quad (6-39)$$

式中: $P_{\theta_k}(H(X) \geq \gamma) = \int_X I_{\{H(x) \geq \gamma\}} f(x,\theta_k) v(\mathrm{d}x)$, $I_{\{A\}} := 1$(如果 A 满足)或 0。

(3) 如果 $k=0$,则令 $\bar{\gamma}_{k+1} = \gamma_{k+1}$

否则假设 $k \geq 1$

假设 $\gamma_{k+1} \geq \bar{\gamma}_k + \varepsilon$,则令 $\bar{\gamma}_{k+1} = \gamma_{k+1}$

否则令 $\bar{\gamma}_{k+1} = \bar{\gamma}_k$

(4) 计算参数向量 $\boldsymbol{\theta}_{k+1}$:

$$\boldsymbol{\theta}_{k+1} := \underset{\theta \in \Theta}{\mathrm{argmax}} E_{\theta_k}\left[\frac{[S(H(X))]^k}{f(X,\theta_k)} I_{\{H(X) \geq \bar{\gamma}_{k+1}\}} \ln f(X,\theta)\right] \quad (6-40)$$

式中:期望 $E_{\theta_k}[H(X)]$ 可以写成积分形式 $\int_X H(x) f(x,\theta_k) v(\mathrm{d}x)$。

(5) 判断是否满足停止准则,如果满足,则算法停止;否则令 $k=k+1$,算法跳到第(2)步。

在第(4)步中暗含着存在一个参考分布 $g_{k+1}(x)$,$g_{k+1}(x)$ 通常用于表达优化算法所期望的收敛性能,通过使 K-L 散度 $D(g_{k+1}, f(\cdot,\theta))$ 最小,计算得到参数向量 $\boldsymbol{\theta}_{k+1}$。

若参考分布采用按比例的选取方案,则表达式如下:

$$g_{k+1}(x) = \frac{S(H(x)) I_{\{H(X) \geq \bar{\gamma}_{k+1}\}} g_k(x)}{E_{g_k}[S(H(x)) I_{\{H(X) \geq \bar{\gamma}_{k+1}\}}]} \quad (6-41)$$

式中: $I_{\{H(X) \geq \bar{\gamma}_{K+1}\}}$ 为指示函数,起到筛选精英样本的作用。

当参数分布采用多元正态分布时,通过推导可得参数更新表达式:

$$\mu_{k+1} = \frac{E_{\theta_k}\big[\{[S(H(X))]^k/f(X,\theta_k)\}I_{\{H(X)\geq \bar{\gamma}_{k+1}\}} X\big]}{E_{\theta_k}\big[\{[S(H(X))]^k/f(X,\theta_k)\}I_{\{H(X)\geq \bar{\gamma}_{k+1}\}}\big]} \quad (6-42)$$

$$\Sigma_{k+1} = \frac{E_{\theta_k}\big[\{[S(H(X))]^k/f(X,\theta_k)\}I_{\{H(X)\geq \bar{\gamma}_{k+1}\}}(X-\mu_{k+1})(X-\mu_{k+1})^{\mathrm{T}}\big]}{E_{\theta_k}\big[\{[S(H(X))]^k/f(X,\theta_k)\}I_{\{H(X)\geq \bar{\gamma}_{k+1}\}}\big]}$$

$$(6-43)$$

式中:μ_{k+1}为期望,Σ_{k+1}为协方差矩阵;当$k\to\infty$时,μ_{k+1}为所求最优方案,Σ_{k+1}中各元素接近0。

在实际应用时,初始概率分布$f(x,\theta_0)$可根据问题结构的先验知识确定,若对问题结构一无所知,最简单的办法是直接采用均匀分布。算法中的样本规模N和比例因子ρ通常采用常数值,若通过自适应的方法选取这些参数可能会加快算法的收敛速度。分位数的计算是通过对抽取的N个样本方案对应目标函数值从小到大进行排序,截取$1-\rho$处的函数值来近似。由于MRAS_0版本中式(6-40)的期望值往往不能被准确计算,一种可行的方法就是采用原蒙特卡罗方法对参数向量$\boldsymbol{\theta}_{k+1}$进行估计,$\boldsymbol{\theta}_{k+1}$的近似估计式为

$$\tilde{\theta}_{k+1} := \mathop{\arg\max}_{\theta\in\Theta} \frac{1}{N}\sum_{i=1}^{N} \frac{[S(H(X_i))]^k}{f(X_i,\tilde{\theta}_k)} I_{\{H(X_i)\geq \bar{\gamma}_{k+1}\}} \ln f(X_i,\theta) \quad (6-44)$$

由于蒙特卡罗方法估计值的精度与变量维度无关,仅与样本数量有关,这是MRAS算法可应用于处理高维优化问题的一个重要因素。将式(2-26)取代式(2-22)的MRAS算法即为MRAS_1版本。此时,参数向量的更新式可表示为

$$\mu_{k+1} = \frac{\sum_{i=1}^{N}\big[\{[S(H(X_i))]^k/f(X_i,\theta_k)\}I_{\{H(X_i)\geq \bar{\gamma}_{k+1}\}} X_i\big]}{\sum_{i=1}^{N}\big[\{[S(H(X_i))]^k/f(X_i,\theta_k)\}I_{\{H(X_i)>\bar{\gamma}_{k+1}\}}\big]} \quad (6-45)$$

$$\Sigma_{k+1} = \frac{\sum_{i=1}^{N}\big[\{[S(H(X_i))]^k/f(X_i,\theta_k)\}I_{\{H(X_i)\geq \bar{\gamma}_{k+1}\}}(X_i-\mu_{k+1})(X_i-\mu_{k+1})^{\mathrm{T}}\big]}{\sum_{i=1}^{N}\big[\{[S(H(X_i))]^k/f(X_i,\theta_k)\}I_{\{H(X_i)\geq \bar{\gamma}_{k+1}\}}\big]}$$

$$(6-46)$$

在MRAS_1算法的实际应用中,为了使迭代过程平缓过渡,防止出现数值发散,通常采用平滑参数更新过程,即

$$\hat{\theta}_{k+1} := v\tilde{\theta}_{k+1} + (1-v)\hat{\theta}_k \quad (6-47)$$

式中:$k=0,1,\cdots,n$,初始参数向量$\hat{\boldsymbol{\theta}}_0 = \tilde{\boldsymbol{\theta}}_0$。

重要的控制参数对算法性能影响很大,MRAS算法中的控制参数取值多是通过反复尝试确定,缺乏理论知识的指导。因此,MRAS算法的一个重要研究领域是如何确定算法中控制参数的取值。有经验的学者针对不同优化问题,选取

合适的控制参数可以充分发挥算法性能。本节简要讨论 MRAS 算法中几个重要控制参数对算法性能的影响规律。

1) 每次迭代抽取的样本数 N

MRAS 算法中每次迭代抽取的样本数类似于智能优化算法中的种群数。N 值越大,采用蒙特卡罗方法的估计误差越小,就能以较大概率向性能更优的方向移动。但 N 值过大会增加计算资源的消耗,N 值太小使得算法鲁棒性差、易陷入局部最优。一般而言,问题的维度越高,N 值应至少呈多项式增加。相关文献中 N 值常取一较大的正整数,采用蒙特卡罗方法估计期望,随着迭代的进行估计精度要求更高,N 值需要逐渐增加,并提出结合该特点采用式 $N_k = \max\{A, k^b\}$ 确定 N 值,其中 A 为某一固定的正整数、k 为迭代次数、b 常取为 1.01,采用 N_k 不仅能保证算法的收敛性,而且需要总的样本评估数更少。因此,针对不同的问题选择合适的 N 值可以大大提升 MRAS 算法的优化性能。

2) 样本精英数 L

样本精英数在随机优化算法中具有广泛的应用,是指 N 个候选方案中性能最优的前 L 个方案数。采用精英样本是为了利用"优胜劣汰"的准则,其主要目的是用于生成新的抽样分布。令 $\rho = L/N$,其中 $\rho \in [0.05, 0.1]$。通常 N 一定时,ρ 值越大,搜索到全局最优解的概率越大,但算法收敛速度越慢;ρ 值越小,算法收敛速度越快,但搜索到全局最优解的概率可能越小。ρ 是一种被用于基于种群方法的标准技术,虽然 ρ 不会影响算法的理论收敛性,但对收敛速度有一定影响,因此 ρ 的取值不能太大或太小。在 MRAS 算法中 ρ 值取为 0.1 较合适。

3) 平滑参数 α

在实际应用中,为了防止算法出现早熟现象,需要对更新参数 θ 作平滑处理,即 $\theta_{k+1} = \alpha \theta_{k+1} + (1-\alpha) \theta_k$。$\alpha$ 的取值对算法性能的影响较大。常用的平滑参数分为:常数平滑参数和动态平滑参数。常数平滑参数是指在迭代过程中平滑参数为 $(0,1)$ 的固定常数;动态平滑参数是指在迭代过程中平滑参数的取值按某一规律变化。对于大多数问题,常数平滑参数 $\alpha \in [0.2, 0.8]$ 都能使算法发挥较好的性能。α 较小时,算法收敛效率降低;α 较大时,算法易出现早熟现象。因此,在使用常数平滑参数时需要在搜索质量和搜索效率之间进行权衡。对于高维优化问题,为了找到全局最优解,通常偏向于 α 取较小值。

一般而言,固定平滑参数较动态平滑参数具有更快的收敛性,应当被首先考虑,但动态平滑参数能解决固定平滑参数不能很好解决的问题。在更新正态分布的期望和方差时,有两种使用动态平滑参数的更新策略。

(1) μ 使用固定平滑参数 α,而方差 σ^2 通过动态平滑参数更新:

$$\beta_k = \beta - \beta\left(1 - \frac{1}{t}\right)^q \tag{6-48}$$

式中:q 为[5,10]的整数;β 为[0.8,0.99]的平滑常数。

(2)μ 和 σ^2 同时采用动态平滑参数,如 $\alpha_k = 2/(k+100)^\gamma$,其中衰减率 γ 常取0.501。目前,平滑参数的使用较广泛、应用效果良好,但缺乏理论支撑。

4)最大迭代次数 N_{max} 和精度 ε

N_{max} 和 ε 两个参数都可作为算法停止准则的判定指标。N_{max} 是公认较好的一个优化停止准则,被应用到很多优化算法,如遗传算法、粒子群算法等。N_{max} 一般按经验确定,N_{max} 取值较大会造成计算资源的浪费;N_{max} 取值较小会使算法无法收敛。由于优化算法是一个反复迭代的过程,优化结果只能无限接近真实值。因此,可根据实际需求对 ε 进行合理设定。实际应用中,ε 一般取为一个较小的数,是为了保证分位数严格递增(求最大值问题)。对于连续型问题,ε 严格为正;对于离散型问题,ε 为非负。

常用的停止准则还有:最大优化时间、数值异常等。停止准则的一个研究方向是针对具体问题的特点开发相应的停止准则,从而减少不必要的计算资源浪费。特别是对于仿真时间长的优化问题,希望通过尽可能少的函数评估数搜索到满足精度要求的最优解。在实际应用中,优化算法同时采用多个停止准则往往具有较好的效果。

需要注意的是:控制参数的取值并不是相互独立的,如 α 与 N、ρ 存在某种关系,当 N 和 ρ 取较大值时,α 的值也可适当提高。总之,参数取值是在权衡各方矛盾下确定的,合理的参数匹配才能高效的发挥算法性能。

6.3 优化方法混合策略

6.3.1 船型优化对优化方法的要求

MDO 问题在本质上是个优化问题,所采用的优化方法必须与优化问题本身的优化特性相吻合。图 6-8 所示为在可行域内船体兴波阻力的变化情况,由图 6-8 可知,船型优化的设计变量之间耦合强,可行域小,可行设计空间极不规则,存在较多的局部最优解,因此要求优化方法具有较强的全局搜索能力,以获得全局最优的设计方案。

另外,船型 MDO 的设计空间高度非线性,性能指标对设计变量的灵敏度高,而各学科的分析需要采用高精度的分析模型,学科分析的计算量较大,因此又希望优化方法具有较强的局部搜索能力,以提高收敛速度,缩短设计周期。

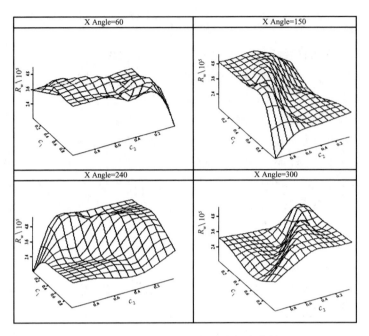

图 6-8 兴波阻力在可行域内的变化情况

传统的基于梯度的优化方法应用于船型的多学科设计优化中有明显的缺陷,具体表现如下。

(1) 由于低精度的分析模型无法有效地反映学科的本质,因此船型优化设计需要采用高精度的分析模型,但高精度分析模型的计算过程依赖数值迭代,数值噪声大,对梯度信息有明显的影响,尤其是在非可行设计空间,常常无法提供可靠的梯度信息。如果初始设计点是不可行的,那么采用基于梯度的优化方法很可能无法跳出非可行设计空间,导致优化的失败。

(2) 船型的 MDO 涉及阻力、操纵性、耐波性等学科,学科模型复杂,而各性能指标(目标)和设计变量之间没有显式表达式(无法导出梯度的解析表达式),梯度信息只能靠数值差分法获取,计算代价很大。

(3) 对于船型优化设计这类强非线性问题,基于梯度的优化方法在远离最优点时,收敛速度较慢。

(4) 基于梯度的优化算法如序列二次规划法(SQP)只能保证收敛到局部最优解,且优化结果对初始点的选择很敏感,如图 6-9 所示。

遗传算法(GA)能以很高的概率找到全局最优解,不需要目标函数和约束条件的梯度信息,适合工程优化设计。GA 的全局搜索能力强,能以较快的速度接近全局最优点。但是 GA 的局部搜索能力差,要最终找到全局最优点,需要大量计算目标函数的适应值,计算量大幅增加。

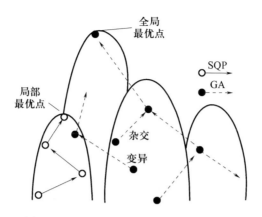

图 6-9 SQP 方法与 GA 方法的收敛比较

综上所述,对于船型 MDO 这样的复杂数学规划问题,传统的优化算法及现代优化算法均不够理想,同时算法理论研究的落后也导致了单一算法性能改进程度的局限性,而提出新的优化思想是一件很困难的事。因此,很有必要结合两者的优点来构造新算法。基于这种现状,算法混合思想已发展成为提高算法性能的一个重要且有效的途径,其出发点就是使各种单一算法相互取长补短,产生更好的优化效率。

6.3.2 混合优化方法

将两种或多种优化方法的思想相互融合,利用每种优化方法的优点,形成高效的优化算法,它们通常都有比原进化算法更好的表现。现有的混合算法有两种方式,一种是以顺序优化的方式进行混合,后一个优化方法利用前一个优化方法的最优值进行初始优化,这是混合算法的常见方式;另一种是某一优化方法加入到另一个优化方法的优化过程中进行混合,如常见的混合遗传算法。

下面简单介绍遗传算法与模拟退火算法相结合的混合遗传算法[17],遗传模拟退火算法是将遗传算法与模拟退火算法相结合而构成的一种优化算法。遗传算法的局部搜索能力较差,但把握搜索过程的总体能力较强;而模拟退火算法具有较强的局部搜索能力,并能使搜索过程避免陷入局部最优解,但对整个搜索空间的状况了解不多,运算效率不高。若将遗传算法与模拟退火算法相结合,互相取长补短,则有可能开发出性能优良的新的全局搜索算法,这就是遗传模拟退火算法的基本思想。

与基本遗传算法的总体运行过程类似,遗传模拟退火算法也是从一组随机产生的初始解(初始群体)开始全局最优解的搜索过程,它先通过选择、交叉、变异等遗传操作来产生一组新的个体,然后再独立地对所产生的各个个体进行模拟退火过程,以其结果作为下一代群体中的个体。这个运行过程反复地进行迭代,直到满足某个终止条件为止。

遗传模拟退火算法的步骤可描述如下。

(1) 进化代数计数器初始化:令 $N=0$。

(2) 随机产生初始群体(N)。

(3) 评价群体(N)中个体的适应度。

(4) 个体交叉操作。

(5) 个体变异操作。

(6) 个体模拟退火操作。

(7) 评价群体 $p(N)$ 的适应度。

(8) 个体选择、复制操作。

(9) 终止条件判断。

若不满足终止条件,则令 $N=N+1$,转到第(3)步,继续进化过程;若满足终止条件,则输出当前最优个体,算法结束。

对船型的 MDO 问题,采用混合算法进行求解。此处采用混合策略的第一种形式,即采用遗传算法 GA 进行初始设计空间的探索,找到近似最优解,然后利用序列二次规划法 NLPQL 进行局部搜索,这种混合算法在改善收敛速度的同时也改进了优化结果。具体做法是在遗传算法的进化过程中,根据目标函数的进化情况自适应地判断何时停止进化,判断准则为目标函数在规定的进化代内保持不变,则停止进化。进化过程中加入记忆体,存储最优的解群体,所谓最优解群体即在整个优化过程中,适应度或目标函数相对最优的一组解。把最优解群作为 NLPQL 的初始解,然后进行 NLPQL 的优化过程,计算流程如图 6-10 所示。

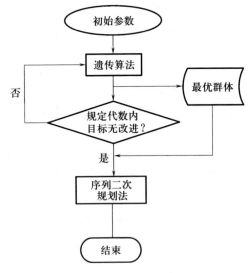

图 6-10 混合优化算法的计算流程

6.4 数学函数的测试实例

采用著名的全局优化函数(求函数最小值)的优化问题作为全局优化测试问题,进行组合优化测试[18]。

Rosenborock 函数为

$$F(x) = 100(x_1 - x_2^2)^2 + (x_2 - 1)^2 \quad (-5 \leqslant x_1, x_2 \leqslant 5)$$

此函数有无限多个局部最优点,全局最优解只有一个,为(1,1),全局最优值为0。

测试采用遗传算法 GA、序列二次规划法 NLPQL、修改可行方向法 MMFD 及组合优化算法、GA 与序列二次规划法串联(GA + NLPQL)、遗传算法与修改可行方向法组合(GA + MMFD)。遗传算法的群体数目为100,中间值数目为120,采用最优值淘汰的策略,淘汰中间值中最差的20个个体,终止准则是在迭代过程中,连续30次出现相同的最优值或达到最大的计算代数(取为1000),变异概率为0.06,杂交概率为0.7,序列二次规划法和修改可行方向法的允许误差为0.0000001。

为比较各优化算法的效率,优化问题采用不同的随机产生的初值计算100次,以统计平均比较各个优化方法得到的计算结果,计算结果如表6-1~表6-3所列。

表6-1 优化方法平均最优值

GA	NLPQL	MMFD	GA + NLPQL	GA + MMFD
0.0004	1.527	1.695	0.000	0.000

从表6-1可知 GA + NLPQL 和 GA + MMFD 组合优化算法的优化结果优于单独优化方法的平均最优值。

表6-2 优化方法达到全局最优解的次数

GA	NLPQL	MMFD	GA + NLPQL	GA + MMFD
60	15	36	100	95

从表6-2可知,组合优化算法得到全局最优解的次数明显多于单独优化方法得到全局最优解的次数。组合优化算法的全局最优解特性优于单独优化方法的全局最优解特性。

表6-3 优化方法平均计算目标函数值的次数

GA	NLPQL	MMFD	GA + NLPQL	GA + MMFD
5032	3000	2352	6045	6578

从表 6-3 可以看到,采用组合优化算法计算目标函数值次数相对于单独优化方法来说相差较大。但若能够得到比单独优化方法更优的结果,则组合优化算法需要多的计算目标函数次数是可以接受的。

参 考 文 献

[1] 谢政,李建平,汤泽滢. 非线性最优化[M]. 长沙:国防科技大学出版社,2003.
[2] 万仲平,费浦生. 优化理论与方法[M]. 武汉:武汉大学出版社,2004.
[3] 李元科. 工程最优化设计[M]. 北京:清华大学出版社,2006.
[4] 《现代应用数学手册》编委会. 现代应用数学手册:运筹学与最优化理论卷[M]. 北京:清华大学出版社,1997.
[5] Kennedy J,Eberhart R C. The particle swarm:social adaptation in information – processing systems[M]. New ideas in optimisation,1999.
[6] 张庆科. 粒子群优化算法及差分进化算法研究[D]. 济南:山东大学,2017.
[7] 吴祈宗. 运筹学与最优化方法[M]. 北京:机械工业出版社,2003.
[8] 金鸿章,王科俊,何琳. 遗传算法理论及其在船舶横摇运动控制中的应用[M]. 哈尔滨:哈尔滨工程大学出版社,2006.
[9] 赵瑞. 多目标遗传算法应用的研究. [D]. 天津:天津大学,2005.
[10] 郑金华. 多目标进化算法及其应用[M]. 北京:科学出版社,2007.
[11] 崔连琼. 多目标遗传算法及其在船舶型线优化中的应用. [D]. 武汉:武汉理工大学,2008.
[12] Hu J,Fu M C,Marcus S I. A model reference adaptive search method for global optimization[J]. Operations Research,2007,55(3):549 – 568.
[13] Hu J,Hu P. An approximate annealing search algorithm to global optimization and its connection to stochastic approximation[C] Baltimore,Maryland,USA Proceedings of the Winter Simulation Conference. Winter Simulation Conference,2010:1223 – 1234.
[14] Hu J,Chang H S,Fu M C,et al. Dynamic sample budget allocation in model – based optimization[J]. Journal of Global Optimization,2011,50(4):575 – 596.
[15] Hu J,Hu P,Chang H S. A stochastic approximation framework for a class of randomized optimization algorithms[J]. Automatic Control,IEEE Transactions on,2012,57(1):165 – 178.
[16] Hu J,Zhou E. On the Implementation of a Class of Stochastic Search Algorithms[C] USA Advances in Global Optimization:Springer International Publishing,2015:427 – 435.
[17] 魏关锋. 用遗传/模拟退火算法进行具有多流股换热器的热网络综合[D]. 大连:大连理工大学,2003.
[18] 王振国,陈小前,罗文彩,等. 飞行器多学科设计优化理论与应用研究[M]. 北京:国防工业出版社,2006.

第7章 船舶多学科设计优化计算环境

目前,船舶各学科都有相应的设计分析工具,如结构分析软件 MSC、流体分析软件 Fluent、船舶方案设计软件 NAPA 等。这些设计分析工具的使用虽然极大地加快了船舶的设计效率,提高了船舶的设计质量,但其应用均局限在各学科内部,工具之间彼此独立,程序之间的组织集成和数据传递将耗费大量的时间。信息系统支持下的集成设计将减少容易出错的手工活动。借助信息系统,可以实现数据在学科内或学科间的共享,并且能够对数据的一致性、完整性等进行检查。船舶 MDO 属于数值计算的设计方法,相对于一般的设计分析方法,由于存在大量的优化迭代,必须摒弃手工的组织集成,建立有利于不同学科交互及多学科优化的计算环境。

计算环境对于船舶 MDO 的意义不仅在于集成分析代码,借助集成计算机环境,设计人员还能够探讨设计变量对于整个系统性能的影响,这正是设计创新的关键。此外,MDO 的重要组成部分诸如系统的响应面近似构造、灵敏度分析数据的存储、大型并行计算等也离不开计算环境的支持。

7.1 多学科设计优化计算环境需求

由于 MDO 有助于提高船舶的设计能力,因此工业部门对 MDO 计算环境的需求是迫切的。近几年来,国外有关政府研究机构、大学、工业部门和开发商都在积极开发 MDO 框架,其发展速度非常迅速。较有代表性的 MDO 框架有 iSIGHT、ModelCenter、AML 等,但这些 MDO 框架还不能称为 MDO 计算环境,因为这些框架在某些方面还达不到 MDO 计算环境的要求。图 7-1 为 MDO 框架的技术配置图,依据此图对计算环境的性能要求分别介绍如下[1]。

(1) 能为船舶设计各学科的设计分析工具提供快速方便地连接。在船舶的研制中,常用的分析工具包括三维设计 CADDS5 软件及方案设计的 NAPA 造船软件,另外也包括水动力分析软件 Fluent、船体结构分析软件 MSC 等,计算环境应该能够对这些工具进行快速的集成。

(2) 能对地理上分散的不同船舶设计学科的建模和优化提供有效支持。不同地域的船舶设计人员工作的协调是 MDO 面临的一个实际问题,这可通过软件和模型的客户端—服务端模式来实现,以方便进行紧密的和松散的协调。互联网为联系设计者、工程师、工具和数据提供了便利条件。船舶 MDO 计算环境应集成 Web 技术,且利用 XML 语言等稳健灵活的工具简化对信息的辨认和处理。

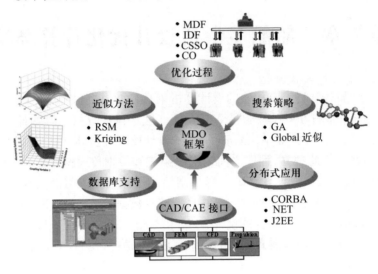

图 7-1　MDO 框架的技术配置图

（3）能提供较好的参数学习能力。例如,能采用基于试验设计的程序,包括全因子设计、部分因子设计(正交数组)、中心组合设计以及拉丁超立方设计。与单独改变设计变量或随机改进许多因素不同,规范的试验设计提供了一种系统的方法来研究多变量/因素在产品/过程性能上的影响,这可在设计矩阵中提供一组结构化的分析,即试验设计提供了一种有效的方法,用以确定设计问题中最重要的因素和交互作用。

（4）能提供各种优化搜索策略。MDO 计算环境应该能够提供各种优化算法和搜索策略,如基于梯度的数值优化、模拟退火和遗传算法,并能够向用户推荐优化方法的指导。推荐指导能力可以根据对设计问题进行启发式智能分析来获得。智能分析方法需完成对问题的设计空间信息、分析工具信息以及用户知识等的表述:设计空间信息可能由设计变量数目、设计约束数目、参数类型(实数的、整数的、离散的或混合的)、变量容差量级、约束条件、不连续可行空间条件以及优化约束方程的非线性特征等组成;分析工具信息如仿真程序类型(线性或非线性)、仿真程序允许时间(低或高)以及程序精度等;用户知识主要用于定义设计规则,以便在优化过程中能有效地运用这些规则。

（5）能使用各种模型近似技术。MDO 计算环境应该能够提供模型近似技术,如基于响应面的多项式近似、Kriging 近似或神经网络等,还有基于泰勒级数线性化的灵敏度,以及可变复杂度近似等。在设计优化中,建立简单近似模型并计算其梯度,有利于在优化过程中寻找最优搜索方向,从而减小精确分析所需要的计算成本。采用平滑响应面等模型可以抑制数值噪声,加快计算工具的收敛速度。近似模型主要用于平衡计算精度和计算成本之间的矛盾。

（6）具有权衡不同设计结果的能力。MDO 计算环境应该能够提供多目标优化方法,如折中规划方法和响应面方法,能确定有效解和更合适的设计。

（7）能描述和构造 MDO 问题。能采用规范分解的 MDO 方法,如并行子空间优化方法(BLISS)、协同优化算法(CO)等,可通过可视化的图形窗口(GUI)和模板来运用上述规范方法,并构造优化问题。

（8）具有解决设计中不确定性的能力。采用概率约束和稳健设计技术,能提供一种机制来量化各种设计可变性(不确定性),如与仿真模型相关的不确定性,在产品性能的期望水平上的不确定性,等等。

（9）支持并行计算。在船舶研制领域,该计算环境应能并行地调用各种船舶的仿真程序(Fluent、ANSYS 等)、进行子系统及系统级的并行计算及优化。

（10）具有可视化的能力。在优化过程中和后处理阶段都应可以对设计数据可视化,这里的设计数据包括设计变量、目标和约束以及响应面、Pareto 曲线等。

（11）能有效地进行数据库的管理。局部(子系统)和全局(系统)应可以通过数据接口对数据进行存储、访问和处理。

7.2 多学科设计优化集成框架

MDO 集成框架是指多学科集成、运行和通信的硬件和软件体系,在工业应用中,需要成熟、高效、灵活、鲁棒、强大的 MDO 框架。该框架为开发 MDO 环境提供了问题表述、数据管理、网络通信、人机交互和集成封装等服务性功能支持。使用 MDO 框架解决具体的 MDO 问题,主要有以下 4 个步骤。

（1）设计者必须建立学科分析模型,并可使用自编的或商业的程序进行执行。

（2）利用 MDO 框架对分析程序进行封装,定义设计变量及其取值范围、优化目标、约束条件等,确定设计分析的流程和数据交互关系,实现 MDO 问题的表述。

（3）选择适当的分析或优化策略进行问题求解。

（4）对运行结果进行后处理,包括结果分析、图形化显示与报表输出等。

开发一个多学科设计优化框架需要涉及多方面的内容,主要包括软件工程方法、分布式应用支持、并行计算支持、数据库支持,关于此方面的详细内容请参考文献[1]。本章主要介绍目前在船舶领域应用最为广泛且评价较高的 MDO 商业框架,主要包括 iSIGHT、ModelCenter、AML。

7.2.1 iSIGHT

iSIGHT 软件是由美国 Engineous Software 公司开发的,其将数字技术、推理技术和设计探索技术有效融合,把大量需要人工完成的工作由软件实现自动化处理,代替工程设计者进行重复性的、易出错的数字处理和设计处理工作,因此 iSIGHT 也被称为"软件机器人"。

图 7-2 为 iSIGHT 的内部体系结构。MDOL 为其核心,能组成不同的语义模块,各模块解释执行特定的操作,如设计过程总的流程控制、分析代码的封装、简单的内部计算以及系统级分析方法等。iSIGHT 提供的 GUI 功能基本上可以满足设计过程需求,设计者通过 GUI 可实现设计问题的过程集成、问题表述、优化方案选择以及求解监控等。

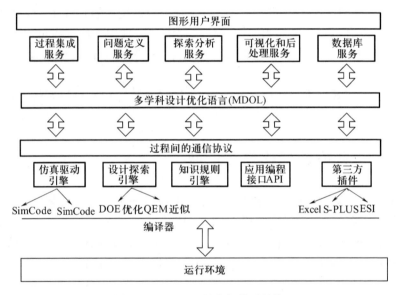

图 7-2 iSIGHT 的内部体系结构

iSIGHT 主要侧重于提供不同层次优化的技术以及优化过程管理能力,实现了多学科耦合情况下协调优化设计过程多次迭代、数据反复输入输出时操作的自动化,提供了一个优化工具包,并可将各种设计探索方法有效地组织起来,以进行复杂系统的多学科设计优化。

对一般设计者而言,iSIGHT 的作用表现在如下几个方面:易于处理复杂问题的设计优化过程,可采用多种方法进行探索;可缩短产品设计周期;降低产品成本;优化产品设计决策;提高产品质量和行为可靠性。

7.2.2 ModelCenter

ModelCenter 软件框架由美国 Phoenix Integration 公司开发,可用于分布式建模与分析,该框架在复杂系统 MDO 中得到了广泛的运用,受到工业界的青睐。

图 7-3 所示为 ModelCenter 软件框架的体系结构,该框架由核心程序 ModelCenter 和辅助程序 Analysis Server 构成。ModelCenter 提供了建模与仿真环境,可快速集成不同平台上运行的模型组件,并采用参数研究工具和优化工具对其进行权衡;同时,它还为集成其他分析工具提供了应用程序接口。Analysis Server 为一服务程序,其主要功能是将仿真程序(分析代码)封装成组件,并将组件发布给 ModelCenter 以便使用。ModelCenter 和 Analysis Server 可同时无缝运行,并允许用户跨平台进行学科分析。

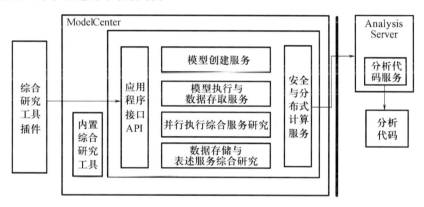

图 7-3 ModelCenter 软件框架的体系结构

ModelCenter 软件框架采用独特的框架体系来封装和集成仿真程序及数据。ModelCenter 和 Analysis Server 提供了客户/服务环境,Analysis Server 可创建和分布组件,使设计者可从远程计算机访问多个设计程序、数据库和 API;ModelCenter 提供了过程集成建模能力,并可利用综合研究工具进行设计分析;该软件框架界面友好,操作方便,其集成能力和设计优化能力强,应用也较为广泛。

7.2.3 AML

AML 是由美国 Technosoft 公司开发的设计过程集成与自动化框架。最初,AML 仅是一种建模语言,即基于知识的并行工程的自适应建模语言(the adaptive modeling language, AML),在此基础上,Technosoft 开发了 AML 框架。

AML 可以建立较为精细的模型,它可将设计表述、零件几何/特性、制造、检

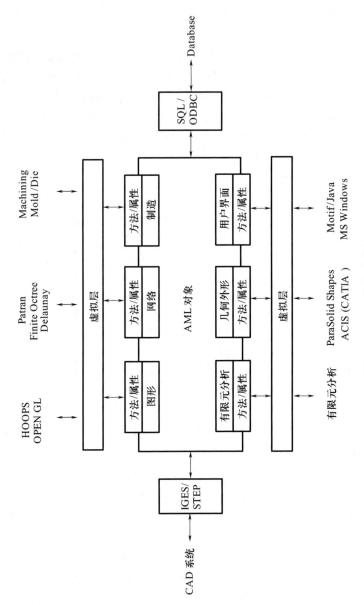

图 7-4　AML 的体系结构

测和分析过程集成到一个统一零件模型中。AML 提供了基于知识工程(knowledge-based engineering,KBE)的框架,可以从建模领域捕获知识,并用知识建立参数化模型。

AML 建模的基本内容包括定义类、定义方法和定义函数。定义类一般从 AML 原始类继承,可以对设计问题进行表述。定义方法即对所给类的对象创建一个函数,该函数仅在与所给类的实例联系时调用,实际上是对用户操作行为进行描述。类定义后,可实例化一个层次型零件模型,其中对象的属性可用单向非循环约束来描述。该模型可用于"what-if"情况下的参数化设计,改变设计参数后,约束按要求在模型中传递,然后重新计算模型。

AML 建立的统一模型能详细表述问题的各个方面,根据几何外形各方面的物理属性可构造出设计问题,之后获得有限元网格的属性和输入文件所需的知识。AML 可以将所有信息按结构化格式存储在一个模型中。而且,关于制造、检测和加工的知识也可并入同一个用以制造和检测过程计划的模型。另外,在模型不同实体的各阶段都提供了反馈。

AML 系统由一些模块(类与方法)组成,这些模块与不同知识领域有关,且各模块均执行独立的功能。图 7 - 4 为 AML 的体系结构,主要分为虚拟层和 AML 对象两部分,独立功能模块可通过虚拟层与外部程序通信,自定义的模块也可载入 AML 中。对于实际问题,运用 AML 时只需载入所需要的模块,而不必将所有 AML 模块载入。

AML 提供了独特的交互式设计环境,它基于参数化、约束确定、自由形态等特色,具有实体建模和形面建模等功能,同样也可进行非几何建模。AML 应用例子很多,例如 AML 公司开发了应用在船舶概念设计中的 MDO 系统,Boing 公司开发了复合材料设计与制造过程集成系统,等等。

7.3　多学科设计优化计算环境实例分析

尽管已经开发出了众多的 MDO 计算框架软件,如上文所述,这些计算框架均不能完全满足计算环境的特点,但为 MDO 计算环境的研究提供了强大的支持。下面对国外典型的 MDO 计算环境进行详细介绍。

7.3.1　美国 DD - 21 驱逐舰多学科设计优化环境体系结构

美国 DD - 21[2]项目是在概念设计阶段应用 MDO 技术进行新武器系统实际开发的主要代表性项目。该项目于 1995 年开始启动,1998 年进入开发阶段,1998—1999 年有两家公司参与竞争,各自进行需求分析,确定 DD - 21 系统和支援系统的具体需求。在 2000—2001 年,由两家公司各自进行了概念设计,建立描述 DD-21 系统行为的数字样机"SPM",通过验证,最后选定洛克希德·马丁公司执行项目,原计划 2004 年完成概念设计,并从 2004 年开始并行地进行全面的详细设计与生产,2009 年完成 32 艘 DD-21 级舰只交付组建舰队的任务。

图 7-5 描述了进行 DD-21 概念设计的技术系统配置图,多学科优化 MDO 软件、系统各目标的性能仿真分析、产品生命周期管理的数字样机"SPM",这三部分共同组成了综合优化设计技术系统的主体部分;DD-21 的系统设计要求和主要内容用文字表示在图 7-6 中,有系统工程和逻辑时间数字样机(LTVP)、系统动态数字样机(SDVP)、实际结构模型、需求、人员编制、成本、实时数字样机(RTVP)、生命周期等,它们是用模型表示的系统总体、各种子系统的设计目标及各目标之间的互相关联影响。图 7-6 中间圆圈内的是数字样机 SPM 的核心部分。图 7-7 则描述了 DD-21 虚拟采办项目的数据网络服务环境,该环境包括基于 HLA 标准的分布式协同仿真以及基于 RMI、CORBA 和 XML 的应用数据交换标准。

值得注意的是,该项目在概念设计阶段建立了描述 DD-21 系统行为状态的数字样机 SPM,也称为智能产品模型,通过对数字样机 SPM 的仿真实验分析、验证及其在全生命周期的性能得到认可后,方可进行船舶的实际生产制造,从而可有效地缩短建造周期,提高建造质量,节约研制经费。

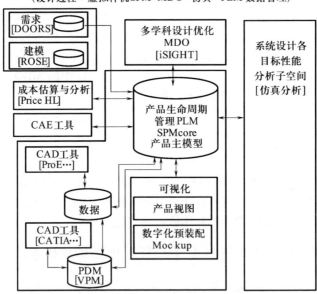

图 7-5 DD-21 驱逐舰概念设计技术系统配置图

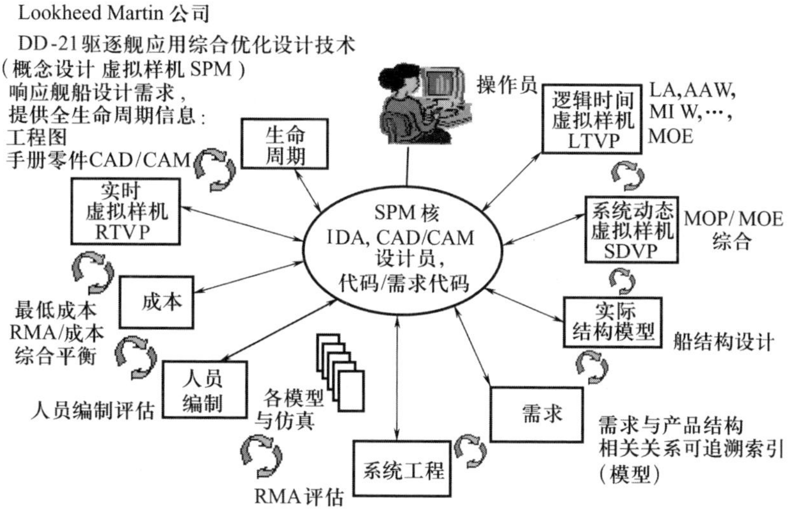

图 7-6 DD-21 的系统设计要求和主要内容

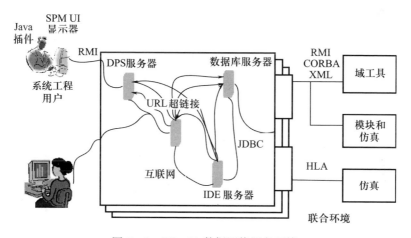

图 7-7 DD-21 数据网络服务环境

7.3.2 美国国家航空航天局 AEE 工程环境

AEE(Advanced Engineering Environment,AEE)[1]是由 NASA 开发的用于设计和分析可重复使用运载器的分布式集成工程化环境,主要满足 NASA 的下一代运载技术项目的要求。为了使 NASA 下的 6 个部门(ARC、LaRc、MSFC、KSC、GRC 和 JSC)能对未来运载系统工程进行协同设计,AEE 可作为支持网页访问的宽代理资源。

AEE 起始于 1999 年 NASA 的智能集成环境(intelligent synthesis environment,ISE)计划中的可重复使用空间运输系统大规模运用项目。开发 AEE 的主要意图有以下几点。

(1) 研究用于分析和开发未来运载器的协同设计与过程控制的方法以及相关技术。具体包括3个方面:①使用一组相容的、有效的分析工具来获得相容的结果;②获取和存储所有分析和过程,使数据在工具间易于跟踪和获取,易于生成报告;③灵活的数据表达、开发、可视化和报表生成能力,允许所有设计和分析产生的数据根据需要进行显示。

(2) 为了便于协同工程研究,需要提供一些便捷的支持来获取分布式数据库、分布式分析能力、分布式分析和设计过程(涉及多种工具)等。

(3) 将运载器设计和分析工具有效地集成,避免某些工具重复集成和手工方式的数据传递。AEE作为一个共用的框架,可处理现有工具的格式化输入、执行和输出解析,并在概念级形成标准过程中集成。

(4) 当前某些分析工具和模型不能或很难集成,需要开发易于集成的工具。

(5) 将生命周期分析工具集成到整个系统级分析过程中,以平衡性能分析和生命周期分析。

(6) 为设计决策能力提供代理支持,包括:①按一致的基础进行决策;②用准确合适的数据;③除简单量化比较候选设计外,还对已有的数据、风险、协同作用进行评价;④允许用多种方法来比较所选择的设计。因此,开发AEE的一个主要意图就是为设计决策提供代理支持。

AEE包括三个核心组件:定制的PTC Windchill产品数据管理系统,一组用Phoenix Integration的ModelCenter集成的运载器分析模型,以及基于可扩展标记语言(XML)的运载器语言(LVL)。PDM提供了通过网页访问的数据库,用于分析数据存储和过程控制。ModelCenter提供了一个集成框架,可将设计分析工具集成(相当于一个"模型"),并可分布式自动运行。LVL为不同分析工具的数据交互提供了一个公共接口。图7-8为AEE顶层系统设计的结构图,各层的基本功能如下。

(1) 用户层用于支持用户访问系统,使得大量数据的输入和显示可在高层的人机交互中进行。

(2) 工具层用于支持用户访问分布式的计算、分析、需求、技术跟踪等工具组,采用ModelCenter封装各种工具和基于XML的LVL来实现该层功能,其中LVL作为工具和PDM系统间的公共数据模型,起到了数据交互中的接口作用。

(3) 数据层提供总的过程控制和自动获取、存储、恢复数据等功能,可使用Windchill PDM来实现。

(4) 底层主要提供分布式子系统的网络和通信,包括安全功能。

图7-9为AEE环境的执行过程,从该执行过程可以看出,Windchill与ModelCenter是如何协同工作的。总的来说,AEE环境是一个相当优秀的分布式

协同环境,其组织结构简练而有效,功能强大而方便,对开发船舶 MDO 计算环境有很强的借鉴意义。

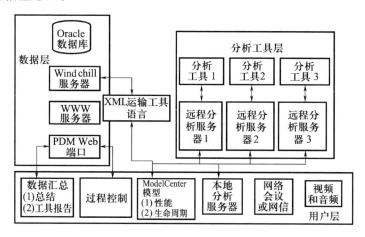

图 7-8　AEE 顶层系统设计的结构图

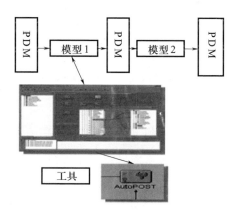

图 7-9　AEE 环境的执行过程

7.4　船舶多学科设计优化计算环境体系结构的开发

目前,对现代集成制造系统的研究已日益深入,如计算机集成制造系统(computer integrated manufacturing system,CIMS)、并行工程(CE)、虚拟样机(virtual prototype,VP)等,这些现代集成制造系统的信息环境和 MDO 计算环境有很多相似之处。因此,对比分析美国 DD-21 驱逐舰技术系统的配置及美国国家宇航局 AEE 工程环境,并结合现代集成制造系统相关技术的研究及上文提到的 MDO 计算环境的特点,提出一个较完备的船舶 MDO 计算环境,如图 7-10 所示。

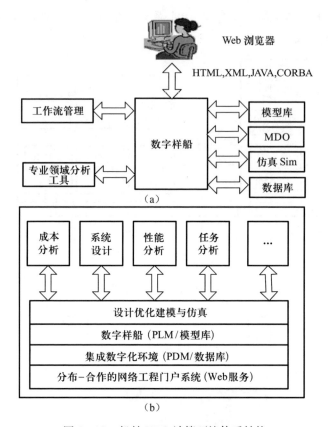

图 7-10 船舶 MDO 计算环境体系结构

在图 7-10(a)中,表示使用人员通过对工作流管理、应用工具、MDO 工具、仿真、模型库、数据库的使用,利用数字样船来进行产品的系统设计。图 7-10(b)表示在 MDO 计算环境的支持下,可以进行船舶产品的成本分析、系统设计、性能分析、任务分析等产品开发过程中的不同工作。分布合作的网络工程门户系统是计算环境的基础,且贯穿该环境的各个层次,目前主流的分布式架构有 J2EE、CORBA、.Net 等。集成数字化环境层主要是利用产品数据管理软件(product data management,PDM)实现对船舶设计阶段的数据管理及过程控制,从而可实现船舶研制的数据集成及过程集成,为顶层的各类应用提供一致的信息源。船舶数字样船则是在数据库层的基础之上,构建系统行为、性能、功能的仿真模型库,也称为船舶数字样机(SPM),对 SPM 的管理则是利用产品全生命周期管理软件(product life-cycle management,PLM)来实现的,通过 PLM 也有助于设计、分析人员的协同。设计优化建模与仿真层则包括各种形式的学科分析工具,如自编程序、商业软件等。各类的船舶设计分析程序的数据集成及过程集成则是通过 MDO 框架软件实现的。MDO 框架提供的主要功能有各类船舶设计和分析工具、评估工具、MDO问题的表述、试验设计、多学科稳健设计等。

MDO技术是船舶产品数字化开发当中的一个重要组成部分,如何构建支持产品数字化开发的计算环境是MDO中的主要研究内容。目前国内对MDO计算环境的研究尚处于初级阶段,在船舶研制领域,关于MDO计算环境方面的相关报道并不多。本章所提出的计算环境体系结构,是在充分调研了国外的发展现状并结合国内船舶研制的现状所提出的,尽管距其实现可能还有很长的路要走,但可为船舶MDO计算环境研究提供一个参考。

参 考 文 献

[1] 王振国,陈小前,罗文彩,等.飞行器多学科设计优化理论与应用研究[M].北京:国防工业出版社,2006.
[2] 吴伟仁.军工制造业数字化[M].北京:原子能出版社,2007.

第 8 章　船体型线多学科设计优化平台的开发

开发船体型线 MDO 平台,是为了给设计人员提供便利环境,以进行船型的 MDO,其主要功能包括:集成多个学科的分析流程,定义设计变量、约束和优化目标,提供算法以驱动优化。

8.1　多学科设计优化平台功能需求分析

船体型线的优化可以分为两个水平的优化,在不同设计阶段采用不同的优化方法[1]。首先是 0 水平的优化,该类优化主要是对船舶初始设计阶段主尺度及船型系数的优化,在此阶段主要考虑的是船舶技术及经济性能;其次是 1 水平的优化,该类优化主要是在主尺度不变或变化很少的情况下对船舶的型线进行优化。船体型线 MDO 平台的开发将以 MDO 的思想为基础,重点解决上述两个水平的船型优化问题。

8.1.1　船型主尺度的确定对多学科设计优化的需求

目前的船舶设计均是按照一种串行的设计模式。首先根据船东的要求,依据母型船确定船舶主尺度及船型系数,之后再进行船型变换,得到设计船的型线,其设计过程可用图 8-1 表示。

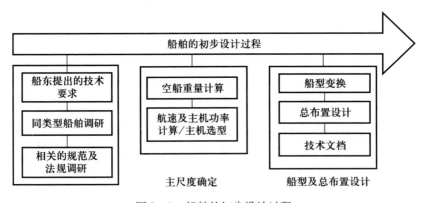

图 8-1　船舶的初步设计过程

这种串行设计模式的缺点是在确定主要要素过程中,为满足各类约束条件,需要大量的往复循环,从而造成船舶设计计算费用的增加。同时,在型线设计阶段主尺度已经基本确定,不能再对其进行设计了,这就导致型线设计中主尺度设计自由度的减少。用这种传统的方法得到的只能是一个满足约束条件的可行设计而无法获得最优的平衡解。尽管也有很多学者将优化技术应用到船舶初步设计中,通过借助计算机的高速运行能力,由原来的有限个方案的人工对比分析,转变为大量方案的计算机自动分析,并且能够找到全局最优的方案,但这种传统的优化方式只是对主尺度及船型系数进行优化,仍然没有摆脱先确定船舶主要要素,再进行船型设计的串行设计模式。

实际上主尺度及型线的设计是密不可分的,不能把两者孤立开来分别进行设计,也即是在主尺度确定阶段就要考虑船型对性能的影响。通过这种更加超前的设计,考虑设计对象之间耦合的影响,最终将获得更好的设计方案。这种新的设计理念同 MDO 的内涵是一致的[2-3]。

若成功实施这样的设计理念,必须有软件环境作为支撑。通过船体型线 MDO 平台的开发,将传统的船型串行设计模式变为并行设计模式,如图 8-2、图 8-3 所示,这对提升船舶的设计质量具有重大的影响。

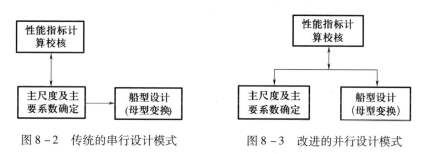

图 8-2 传统的串行设计模式　　图 8-3 改进的并行设计模式

8.1.2 船型精细优化对多学科设计优化的需求

目前的型线精细优化基本上是从单项性能目标(或指标)出发来评价船舶水动力性能的优劣,其他性能指标作为约束条件,这种传统方法在设计各阶段对各水动力性能的考虑非常不均衡,不能有效综合集成各性能进行协同优化,因此无法获得各种性能综合平衡的设计。随着时代的进步,船舶面临的海洋环境越来越复杂,它所承担的任务要求也越来越高,因此迫切要求实现船舶水动力性能多学科设计优化,达到船舶水动力性能综合兼优的目的,使之能更好地完成各类任务。

为实现上述的需求,建立一个船体型线 MDO 平台是非常有必要的。该平台应具有的功能如下:

(1) 能够集成各类低精度的计算程序(如经验公式)和各类高精度的计算分析程序(如阻力计算程序、耐波性计算程序、操纵性计算程序等)。

(2) 能够提供一系列的优化算法,并由用户自由选择。

(3) 能够应用近似技术,可以构建响应面模型及变复杂度模型。

(4) 可以设置阻力分析程序、耐波性分析程序的计算条件,也可以设置阻力计算的面元分布等。

(5) 具有良好的用户操作界面,通过该界面,用户可以根据需要选择要优化的船型,可以根据优化问题的需要自由设置优化变量、约束条件、目标函数等。

(6) 具有良好的优化过程监控功能,通过运行监控界面,用户可以了解到各设计变量、目标的变化情况,同时可以随时暂停运行进程。

(7) 集成平台具有扩展性,用户可以根据计算需要随时更换计算程序,而不需要改变软件的运行流程。

8.2　多学科设计优化平台的框架设计

船体型线 MDO 平台采用人机交互的界面 + 优化器 + 各类设计分析程序的结构。用户在人机交互界面上进行 MDO 问题的设置,并将这些设置保存在相应的配置文件中。在优化运行开始,优化器及各类分析程序会自动读取相应的配置文件进行水动力性能的 MDO。

针对系统的研究目标,对系统进行功能设计,如图 8-4 所示为系统功能结构图。

平台系统包括用户层、分析工具层、集成框架层。各层的功能如下。

1. 用户层

(1) 利用船型选择子系统进行船型选择。

(2) 利用优化设置子系统进行优化设置。

(3) 利用高级参数设置子系统进行各性能计算高级参数设置。

(4) 利用优化结果后处理子系统进行优化结果的后处理。

2. 分析工具层

分析工具层为各性能的分析程序集合,目前主要包括阻力计算程序(Shipflow)、耐波性计算程序(自编程序)、操纵性计算程序(自编程序)及船体曲面变形程序。

3. 集成框架层

该层主要以商业软件 iSIGHT 为集成框架,其功能是集成分析工具层的各类设计、分析程序,同时提供优化算法,并对优化问题进行表述。

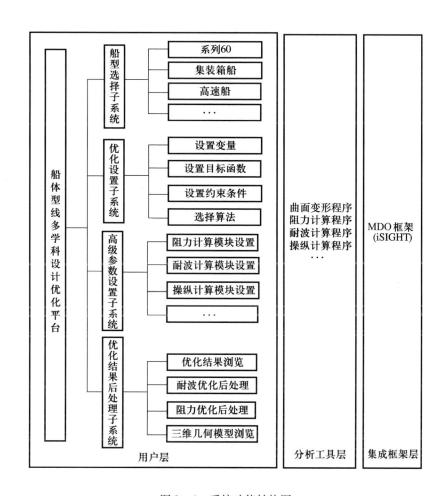

图 8-4 系统功能结构图

8.3 平台模块的详细设计

根据系统功能的不同，船体型线 MDO 平台又可分为下列功能模块，如图 8-5 所示。各模块之间的逻辑结构如图 8-6 所示。各模块功能及支撑软件如表 8-1 所列。

依据 MDO 平台所包含的功能模块，在前述各章的基础上，开发船体型线 MDO 平台，简称 SHIPMDO - WUT 平台。下面介绍该平台相关模块的详细设计。由于船体曲面变形模块、模型生成器模块及性能分析模块已分别在第 3、第 4 章中有所叙述，本章重点介绍主界面模块。

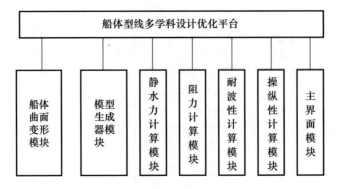

图 8-5 平台模块的构成

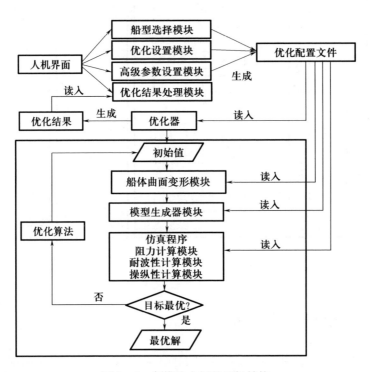

图 8-6 各模块之间的逻辑结构

该模块主要提供一个友好的供用户进入各个功能模块的接口。用户通过主界面可以完成船型选择、曲面离散、优化模型定义、高级参数设置、优化结果后处理等功能,图 8-7 所示为软件的主界面。

表8-1 各模块功能及支撑软件

模块名称	功能	支持软件	
船体曲面变形模块	生成系列光顺船型	(1)船型融合变形模块；(2)基于RBF插值的船体曲面变形模块	自开发
模型生成器模块	为性能分析程序提供计算模型	自开发	
静水力计算模块	计算各类约束条件	自开发	
阻力计算模块	总阻力计算	Shipflow及经验公式	
耐波性计算模块	耐波性指标计算	自开发	
操纵性计算模块	操纵性指标计算	自开发	
主界面模块	提供给用户操作的界面	自开发	

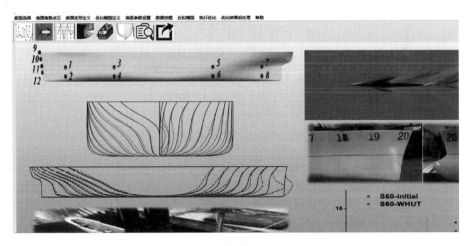

图8-7 软件的主界面

1）船型选择

船型选择功能主要是根据设计者的要求选择预优化的船型。由于软件平台具有良好的扩展性，随着研究的深入，在该平台上将可集成更多的船型。船型选择的模块界面如图8-8所示。

2）曲面离散点云

曲面离散点云功能主要是根据设计者的要求对船体曲面（iges文件）进行离散，并在此基础上进行船体变形。曲面离散点云的界面如图8-9所示。

3）曲面变形定义

（1）基于RBF插值的船体曲面变形。船体曲面的形状和水动力性能紧密相关，为获得水动力性能综合兼优的型线，必须提供一种灵活的方式修改船型。本书第3章阐述了基于RBF插值的船体曲面变形方法，该方法可直接操纵船体

图 8-8 船型选择的模块界面

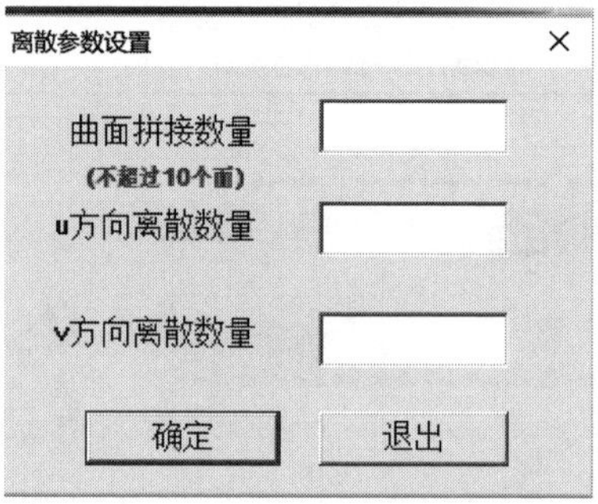

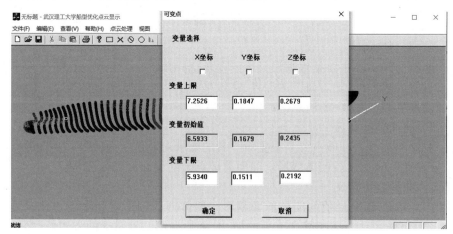

图 8-9 曲面离散点云设置

曲面的任意一点或多点的空间点云实现船体曲面的变形,不仅具有极大的灵活性,而且拓宽了船型优化的空间。通过曲面变形定义模块,用户可以依据设计需求在船体空间点云中任意选择可变点(优化变量)和不可变点(几何约束),同时设定各优化变量的取值范围,如图 8-10 所示。

图 8-10 设计变量的定义

(2) 基于融合方法的船体曲面变形。SHIPMDO – WUT 平台也集成了船型融合变形模块,该模块的具体原理请参考文献[4]。该模块的船型生成是以大量不同形状的船型为基础的。如果船型库数量非常多,且让所有船型参与融合,那么设计变量的数目将非常庞大,最终导致整个优化时间过长。因此,提供一个良好的操作界面是非常必要的,通过该界面,用户可以看到每条船的型线特征,可直接对数据库进行操作,并任意设置参与融合的船型,如图 8 – 11 所示。

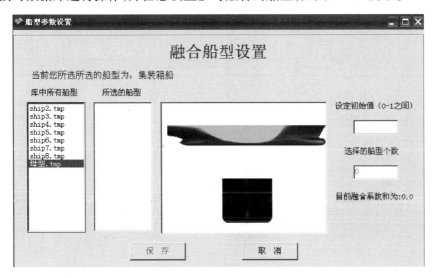

图 8 – 11 融合船型设置

该部分的功能在整个优化中的作用如图 8 – 12 所示。首先用户利用融合船型设置界面读入船型库,再根据设计需要设置参与融合的船型,设置完成后将设置参数写入优化配置文件中。船型融合变形模块根据优化配置文件自动从库中读取参与融合的船型数据,同时生成新的融合船型及各性能的计算模型。

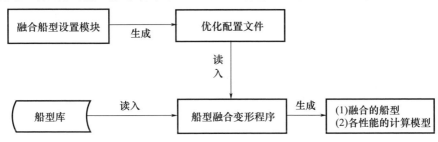

图 8 – 12 融合船型的定义及作用

4) 约束条件定义

船舶的设计过程实际上也是一个优化过程,在整个设计过程中需要不断反复校核各性能指标,以求得一个综合平衡的解。因此,对约束条件的定义是必要的。这些约束条件主要包括稳性、横摇周期、长宽比、船宽吃水比、船长型深比、湿表面积、排水量、浮心位置百分比等。上述的这些约束条件可以根据设计的需要任意定义,同时选择其上下限或目标值,如图 8-13 所示。

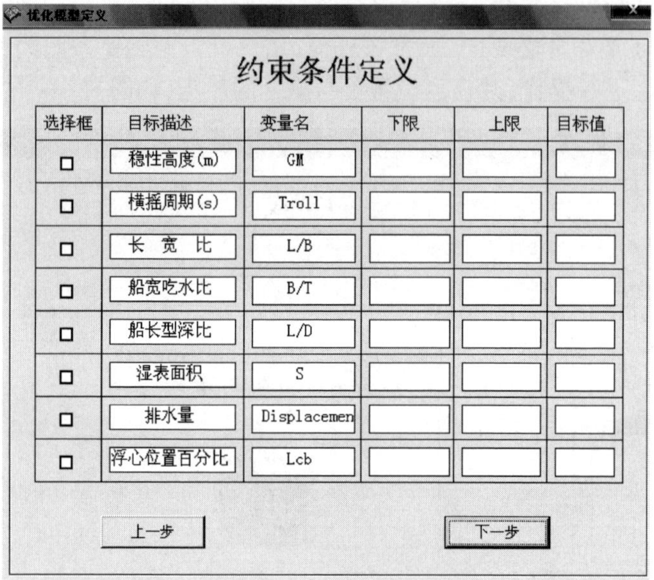

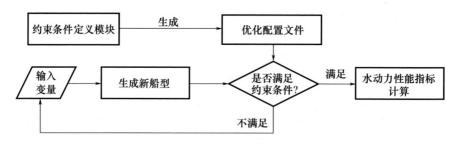

图 8-13 约束条件定义

约束条件的作用有两个方面:一方面满足设计中的各类性能指标的约束;另一方面是减少优化迭代的时间,如图 8-14 所示。具体的操作流程为:用户通过约束条件定义模块定义约束条件,并写入优化配置文件中,同时对约束条件进行初始化。在优化过程中,如果满足约束条件,将进行各性能指标的计算。如果不满足约束条件,那么系统将重新分配设计变量,进行下一轮的优化。

图 8-14 约束条件的定义及作用

5) 目标函数定义

SHIPMDO-WUT 平台的目标函数均为与水动力性能相关的指标,如表8-2所示。

表 8-2 水动力性能相关指标

水动力性能		计算指标	描述	优化方向
快速性	阻力	$\frac{R_t}{\Delta}$（统一标准船长）	单位排水量总阻力	最小(min)
		R_W	兴波阻力	最小(min)
操纵性		K/T	诺宾指数	最大(max)
耐波性		Heave	垂荡幅值	最小(min)
		Pitch	纵摇幅值	最小(min)
说明		优化对象不同,优化的指标会有不同。具体有哪些指标,由使用者视具体的优化问题而定		

除了表 8-2 所列的指标,考虑到黏性阻力对船型的影响,软件也将湿表面积作为优化的目标,如图 8-15 所示。

图 8-15 目标函数的定义

用户可以根据优化问题的需要任意选择目标函数,同时设置各指标的权重、上下限及比例因子,最后选择优化的方向。在 SHIPMDO-WUT 平台中权重及比例因子的设置有两种方法:一种方法是在选择了多个优化目标的情况下,权重及比例因子均设为1,此方法保持了多目标的本质,所求得的解为一系列的优解(Pareto 前沿),最终用户可在前沿上选择满意解,这种优化方法属于先优化后决策的类型;另一种方法是权重由用户自己定义,各目标函数对应的权重和为1。为了将目标函数归一化,需设置比例因子。此方法化多目标为单目标,最终目标函数的数学表达式为

$$\text{Objective} = \sum \frac{W_i X_i}{SF_i}$$

式中:W_i 为各目标的权重;SF_i 为比例因子。

在这种情况下所求得的解为所设置权重下的单一最优解,这种优化方法属于先决策后优化的类型。

6) 计算模块定义

该模块主要控制各计算程序的执行。通过图形界面的方式,用户可以自由选择在优化过程中执行的程序,如图 8-16 所示。

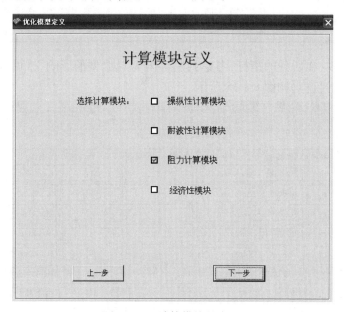

图 8-16　计算模块的定义

各水动力计算程序的执行控制流程均在优化配置文件内记录,优化过程中系统会自动对配置文件进行解析,判断各计算程序是否可执行有两个标志,如果 Evaluation = single,那么该计算程序会被自动调用;如果 Evaluation = donorun,那么该计算程序将不会被调用,如图 8-17 所示。

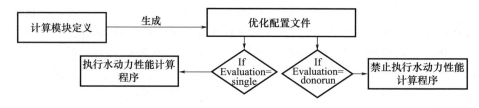

图 8-17　水动力计算程序执行控制流程

7）优化算法设置

用户在优化算法定义界面中可以定义优化的执行方式、选择的优化算法及算法的参数设置。在算法库中包含了局部寻优和全局寻优的优化算法,局部寻优的数值优化算法通常假设设计空间是单峰值的、凸性的、连续的,主要有以下几种:①外点罚函数法(EP);②广义简约梯度法(LSGRG2);③可行方向法(CONMIN);④序列线性规划法(SLP);⑤序列二次规划法(DONLP)。全局寻优通常在整个设计空间中搜索全局最优值。通常有以下两种:①粒子群算法(PSO),②遗传算法(NAGA2)。关于优化算法的详细介绍见第6章。

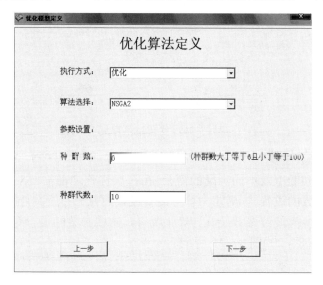

图 8-18 优化算法模块的定义

在图 8-18 所示的界面中包括优化算法的执行方式定义、算法选择及参数设置等内容,含义如下。

（1）执行方式,包括定义单次执行和开始优化。如果选择单次执行,那么程序只执行一次;如果选择优化,那么程序将运行多次。

（2）算法选择,包含了适合船舶水动力性能多学科设计优化的算法。

（3）参数设置,定义各算法的参数设置。

8）优化结果定义

用户可以定义优化结果的保存类型,如图 8-19 所示。数据保存类型共有两类,一类为可行解,即是满足所有约束条件的解;另一类为所有解,即不考虑约束条件限制的解。

图 8-19 优化结果定义

9）高级参数设置

为适应不同船型及不同工况的需要，在每次优化之前需要对各性能计算程序进行高级参数的设置，如对阻力计算需要设置面元分布及其计算条件，对耐波计算需要设置各类波浪参数及其计算工况等。这些参数的设置对计算结果有很大的影响，如图 8-20、图 8-21 所示。

船体站数		自由面船尾位置		最大迭代次数	
船体每站点数		自由面船后位置		尾封板影响	□ 是 □ 否
首面元间距百分数		自由面每站点数			
尾面元间距百分数		船前站数			
自由面船宽方向计算域		船身站数		船舯后横剖面形状	□ 普通 □ V形 □ U形
自由面船前位置		船尾站数			
自由面船首位置		是否考虑浮态	□ 是 □ 否	是否方艉	□ 是 □ 否
自由面首站间距百分数		自由面条件	□ 线性 □ 非线性		

图 8-20 阻力计算高级参数设置

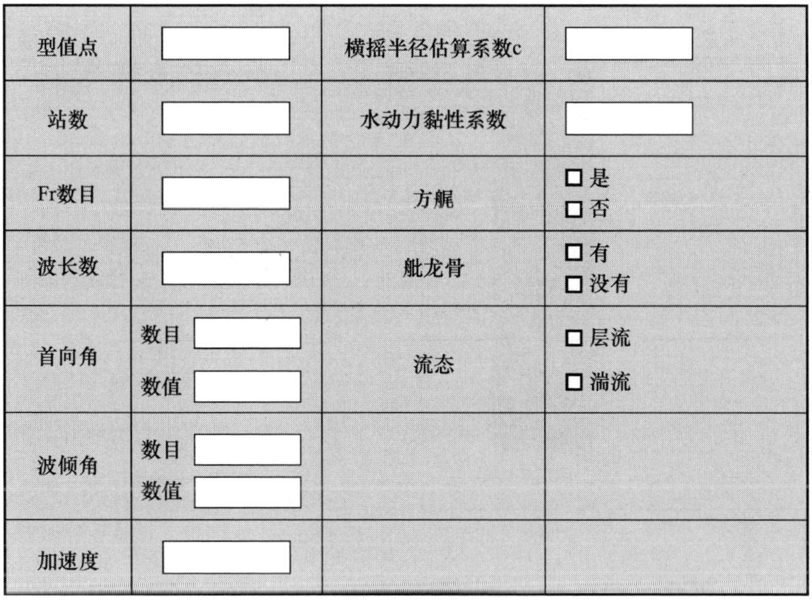

型值点
横摇半径估算系数c
站数
水动力黏性系数
Fr数目
方艉
是
否
波长数
舭龙骨
有
没有
首向角
数目
数值
流态
层流
湍流
波倾角
数目
数值
加速度

图 8 - 21　耐波计算高级参数设置

在优化开始之前,根据设计问题的需要以及计算工况初始化配置文件,如图 8 - 22所示。这些优化配置文件一旦定义,在自动优化过程中将不可改变。也即所有的船型方案均按照已定义的配置文件计算各性能指标。

高级参数设置模块
生成
优化配置文件
读入
水动力性能指标计算
设置面元分布、波浪参数、计算条件等

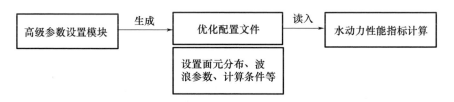

图 8 - 22　初始化配置文件流程图

10）优化结果浏览

该模块的作用是对优化结果进行后处理,读取优化后的各类数据文件,以变量为对象以图形或表格的形式显示出来。模块的开发以商业软件 iSIGHT 为基础,通过二次开发调用其后处理模块实现。对优化结果的处理主要分为两部分,一部分为以表格形式体现,如图 8 - 23 所示;另一部分是数据挖掘模块,该模块主要是针对多目标优化问题而开发,通过对所有可行解空间的数据挖掘,以可视化的形式提供给用户一个 Pareto 前沿,用户可以依据设计经验在前沿上选择一个满意解,如图 8 - 24、图 8 - 25 所示。

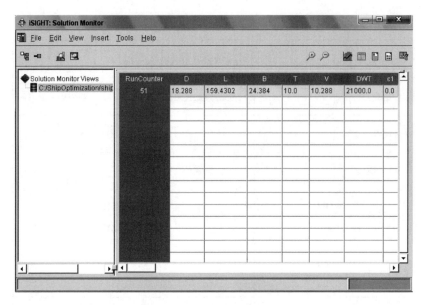

图 8-23 优化结果浏览

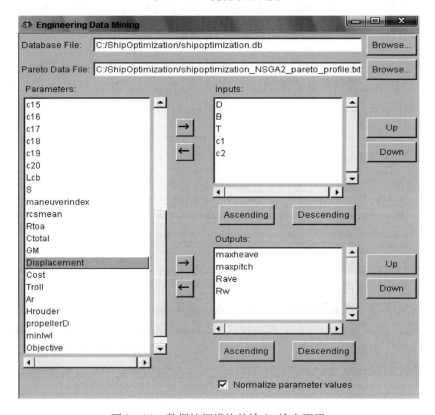

图 8-24 数据挖掘模块的输入/输出配置

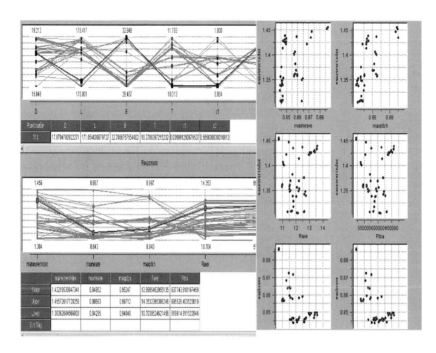

图 8-25 数据挖掘模块的后处理

8.4 SHIPMDO-WUT 平台实例测试

8.4.1 9000t 油船的多学科设计优化(0 水平优化)

为测试 SHIPMDO-WUT 平台的性能,以 9000t 油船的初步设计为例,在系统平台上完成优化工作。

为了便于对比分析,将优化分为两类:一是如图 8-26 所示的采用传统优化方法,在整个优化过程中只对尺度进行优化,未集成船型变换;二是如图 8-27 所示的采用 MDO 方法,不仅对尺度进行优化,而且集成了船型变换。在如图 8-26 所示的传统优化中,各类计算程序所需的静水力要素(C_b、C_m、C_p等)是由经验公式计算得到的,而在如图 8-27 所示的基于 MDO 优化设计中,由于在优化体系中集成了船型融合变形模块及静水力计算模块,因此计算程序所需要的静水力要素是由静水力计算模块精确计算得到的,这些静水力要素将作为中间变量参与到优化过程中。

优化的数学模型如下。

已知:载重量 DWT、舱容 CV、设计吃水 T、航速 V。

融合设置:选择两条船进行融合。

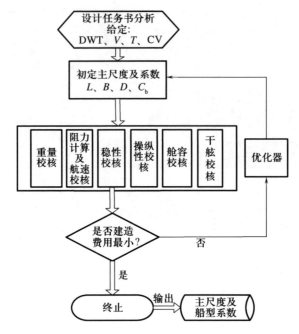

图 8-26 传统优化方法(未集成船型)

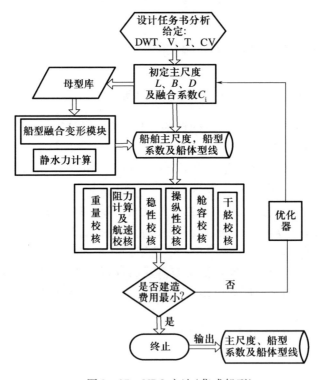

图 8-27 MDO 方法(集成船型)

目标:最小建造费用 Min building cost。

变量:第1类优化　船长 L、船宽 B、型深 D、方形系数 C_b;

第2类优化　船长 L、船宽 B、型深 D、融合系数 C_i(控制船型)。

约束条件如下:

① 稳性约束:$GM \geq 0.04B$,GM 为初稳性高度;

② 操纵性约束:$C_b/(L/B) \leq 0.15$;

③ 方形系数约束:$C_b \leq 0.125/\tan(5.75 - 25Fn) + 0.70$;

④ 快速性约束:$V/V_0 \geq 1$;

⑤ 舱容约束:$CV/CV_0 \geq 1$;

⑥ 干舷约束:$D - F_b \geq 7.5$,F_b 为干舷高度;

⑦ 浮力平衡约束:$L \times B \times T \times C_b \times \rho = LWT + DWT$,LWT 为空船重量(第1类优化)—$0.01 \leq ((Dis) - (DWT + LWT))/Dis \leq 0.01$,Dis 为排水量(第2类优化)。

计算程序如下:

建造费用计算、重量估算、稳性计算、舱容计算、干舷计算均采用经验公式[4]。

阻力计算:采用 Holtrop/Mennen 阻力回归公式计算[5]。

优化算法:两类优化均采用序列二次规划法(sequential quadratic programming,SQP)。

第2类优化的 MDO 数据流如图 8-28 所示,图中 C_p 为菱形系数,C_w 为水线面系数,C_m 为中横剖面系数,L_{cb} 为浮心纵向位置,S 为湿表面积,W_t 为总重量,R_t 为总阻力,V 为速度,P 为主机功率。

第1类优化与第2类优化结果对比如表 8-3 所列。

表 8-3　两类优化的结果对比

优化类型	指标	第1类优化(未集成船型)	第2类优化(集成船型)
已知	载重量 DWT/t	9000	9000
	航速 V/(m/s)	6.86	6.86
目标最小建造费用/元		7.065294×10^6	6.372895×10^6
优化结果	船长 L/m	112.04	110
	船宽 B/m	20.496	19.8
	型深 D/m	11.5	10.4
	融合系数 C		0.446
	方形系数 C_b	0.670	0.702
	空船重量 LWT/t	2827.76	2646.83

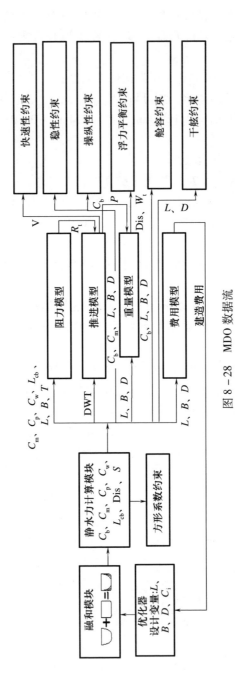

图 8-28 MDO 数据流

从表 8-3 可以看出,在满足所有约束条件下,第 2 类优化的最小建造费用为 6.372895×10^6 元,同第 1 类优化的最小建造费用 7.065294×10^6 元相比,降低了约 9.8%,相应的空船重量也降低了约 6.4%。这主要是因为在第 2 类优化中将主尺度的确定与船型变化并行考虑,将控制船型的融合系数作为优化变量,这样在同一主尺度下可生成不同的船型,而各船型的静水力要素则直接参与到优化中。同第 1 类优化相比,其实质是扩大了可行解的范围,因此就可以得到比传统设计更好的方案。

8.4.2 46000t 油船阻力、操纵、耐波性能综合优化(0 水平优化)

本例完成了 46000t 油船主尺度及型线的初步优化设计,在优化过程中重点考虑了主尺度及型线的变化对水动力性能影响,经济性暂未考虑。

优化的数学模型如下。

船型库:选择 3 条船进行融合。

优化变量:船长 L、船宽 B、型深 D、吃水 T、船型融合系数 C_i。

目标函数:min maxHeave(垂荡峰值最小),min maxPitch(纵摇峰值最小),min Rave(单位排水量总阻力最小),min Rtoal(总阻力最小),max K/T(诺宾指数最大)。

约束条件如下。

(1) $GM/B \geq 0.03$。

(2) 浮力平衡 Displacement = DWT + LWT,Displacement 为排水量,LWT 为空船重量,DWT 为载重量。

(3) $\sum_{i=1}^{2} C_i \leq 1$。

指标计算如下。

(1) 耐波性计算——由自编切片程序计算垂荡及纵摇的幅值。

(2) 操纵性计算——由自编程序计算诺宾指数。

(3) 阻力计算——采用商业软件 Shipflow 计算兴波阻力,自编程序计算黏性阻力。

下面简述船舶总阻力的计算,即船舶总阻力 $R_t = R_{vp} + R_f + R_w$。

① 摩擦阻力 R_f 及黏压阻力 R_{vp}。采用 Holtrop 方法估算,$R_f + R_{vp} = R_f(1+k)$,其中摩擦阻力系数采用 ITTC(1957) 公式计算;形状因子 k 采用下式估算:

$$1 + k = c_1 \{0.93 + c_2 (B/L_R)^{0.92497} (0.95 - C_p)^{-0.521448} (1 - C_p + 0.0225 l_{cb})^{0.6906}\}$$

式中: C_p 为棱形系数; l_{cb} 为浮心纵向坐标占船长的百分数; c_1 与尾部形状有关; c_2 与吃水船长比 T/L 有关; L_R 为去流段长度。

L_R 可用下式估算:
$$L_R/L = 1 - C_p + 0.06C_p l_{cb}/(4C_p - 1)$$

② 粗糙度补贴 ΔC_f。根据 1975 年第 14 届国际船模试验池会议建议公式计算粗糙度补贴系数:
$$\Delta C_f = [105 \times (k_s/L)^{1/3} - 0.64] \times 10^{-3}$$

式中: k_s 为粗糙度表观高度, 本软件取 150×10^{-6} m。

③ 兴波阻力 R_w。采用 Shipflow 软件计算兴波阻力:
$$R_w = C_w \cdot \frac{1}{2}\rho V^2 S$$

C_w 的计算通过 Shipflow 软件, 采用边界元法, 线性自由面边界条件, 船体表面用高阶 NURBS 表达, 源的分布为 NURBS 表达的高阶源分布。

优化算法:选择多目标遗传算法(NSGA)。

优化的执行流程如图 8-29 所示。

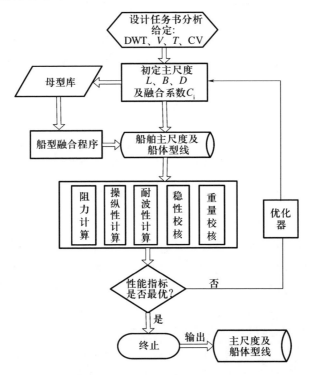

图 8-29 优化的执行流程

最终优化结果形成一个 Pareto 前沿,从前沿上选取一个方案,如表 8-4 所列。

表 8-4 优化方案与母型的比较

分类	L	B	D	T	C_1	C_2	K/T	垂荡峰值	纵摇峰值	单位排水量总阻力
母型	176	32.4	17.94	10.5	1	0	1.338	0.859	0.964	12.5
优化	176	28.5	17.96	11.49	0.26	0.56	1.444	0.845	0.943	12.00
比较							7.3%	1.7%	2.2%	4%

8.4.3 标模 Series 60 船舶型线优化及试验验证(1 水平优化)

标模 Series 60 是被 ITTC 认可并用于模型试验的标准船型,本节选取该系列中一型船模开展型线优化及试验验证工作,该船模主要要素如表 8-5 所列。

表 8-5 Series 60 船模主要要素

L_{pp}/m	L_{wl}/m	B_{wl}/m	T/m	C_b	C_m	∇/m³	S_{wet}/m²
3.048	3.101	0.406	0.163	0.6	0.977	0.1214	1.6

1. 球艏产生(step-1)

考虑到船艏部主要影响兴波阻力,本研究首先以 $F_r = 0.27$ 时兴波阻力最小为目标,优化 Series 60 的艏部构型。以下所有的优化都是在全约束情况下进行,不考虑船体的升沉与纵倾。

本例采用 RBF 插值方法实现船体曲面变形。如图 8-30 所示,在船艏前端选取 1 个控制点作为可变点。在甲板边线、船底线及艉轮廓处选取若干控制点作为不可变点,以确保这些部位的型线不发生改变。以兴波阻力最小为目标,通过艏部可变点在 X 和 Y 方向上的移动,对船艏轮廓进行优化设计,优化过程中保证排水量不小于母型船的 0.99 倍。

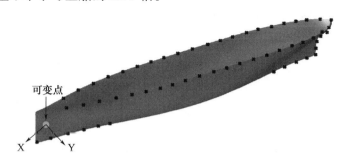

图 8-30 可变控制点布置位置

优化算法采用 NSGA-Ⅱ,种群数设为 30,遗传代数设为 30。兴波阻力的计算采用 shipflow 软件(势流方法的计算原理见第 4 章)。优化完成后得到如

图 8-31 所示的最优船型(step-1)。母型船兴波阻力的计算值为 2.471N,最优船型(step-1)兴波阻力的计算值为 2.096N,较母型船在优化点处兴波阻力下降 15.19%;母型船总阻力计算值为 9.103N,最优船型(step-1)总阻力计算值为 8.739N,总阻力下降约 4%。

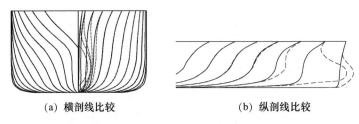

(a) 横剖线比较　　　　(b) 纵剖线比较

图 8-31　优化前后艏部形状比较(母型:实线　step-1:虚线)

2. 艏部优化(step-2)

在艏轮廓优化设计的基础上,对整个艏部进行优化,仍然以 $F_r = 0.27$ 下兴波阻力最小为目标。通过不可变控制点的选择,确保甲板边线、船底线和艉轮廓不发生变形,并保证排水量不小于母型船的 0.99 倍。选择如图 8-32 所示的 6 个可变点,其中可变点 1 沿 X(船长)、Z(型深)方向变化,用来控制球艏的长度和高度。可变点 2—6 均沿 Y(船宽)方向变化,其中可变点 2 控制球艏的宽度,可变点 3、5 沿水线布置,控制水线进流角的大小和水线面进流段的形状,可变点 4、6 控制艏部的形状。

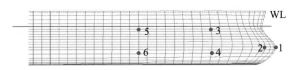

图 8-32　艏部控制点布置

优化算法采用 NSGA-Ⅱ,种群数设为 50,遗传代数设为 50。优化完成后得到如图 8-33 所示的最优船型(step-2)。母型船兴波阻力计算值为 2.471N,最优船型(step-2)兴波阻力计算值为 1.79N,较母型船在优化点处兴波阻力下降 27.5%;母型船总阻力计算值为 9.103N,最优船型(step-2)总阻力计算值为 8.404N,总阻力下降约 7.68%。

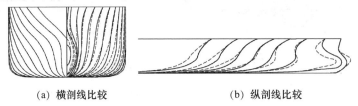

(a) 横剖线比较　　　　(b) 纵剖线比较

图 8-33　优化前后艏部形状比较(step-1:实线　step-2:虚线)

3. 艉部优化(step-3)

在第二步优化的基础上,继续开展本船的艉部优化研究。在船艉部选取可变点7~12,各可变点均沿Y(船宽)方向移动。同时通过不可变点的选择,确保甲板边线、船底线、船艏和船舯部分站位的型线不发生变形,见图8-34。优化过程中保证排水量不小于母型船的0.99倍。

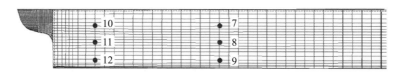

图8-34 艉部控制点布置

艉部优化以总阻力最小为目标,若直接采用遗传算法进行优化,会耗费大量的计算时间,所以本部分采用近似方法来提高优化效率。具体原理请读者参考第5章。

首先,使用均匀试验设计方法生成120个样本方案进行近似模型的构建。为了检验近似模型的精度,采用优化拉丁方试验设计生成50个测试方案进行相对均方根误差(root mean square error,RMSE)和平均绝对预报误差(MAPE)的计算。其次,计算各样本的总阻力值,形成样本集;最后,通过径向基函数神经网络建立近似模型,基函数采用高斯函数:

$$\phi(x-x_i) = \exp\left(-\frac{(x-x_i)^2}{2\sigma^2}\right)$$

由表8-6可以看出,近似模型的相对均方根误差(RMSE)和平均绝对预报误差(MAPE)都很理想,这表明径向基函数神经网络模型精确度较高,可以用于总阻力的优化。

表8-6 近似模型精度

RMSE	MAPE
5.78708E-06	0.085597%

优化算法仍采用NSGA-II,种群数设为50,遗传代数设为50。优化完成后得到如图8-35所示的最优船型(S60-WHUT)。母型船总阻力计算值为9.103N,最优船型(S60-WHUT)总阻力计算值为8.134N,其总阻力在优化点处较母型船下降约10.64%。

4. 母型船与最终优化船的比较

从图8-35可以看出优化船产生的球艏略有上翘,纵剖面呈S形,类似于SV形球艏,中高速时可产生有利的兴波干扰。从横剖面面积曲线可以看出,优化船的船艏更加尖瘦,进流段长度增加,进流角减小,有利于减小兴波阻力。从

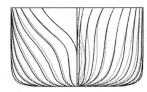

(a) 横剖线比较（母型船：实线 S60-WHUT：虚线）

(b) 纵剖线比较（母型船：实线 S60-WHUT：虚线）

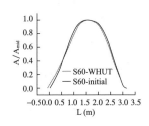

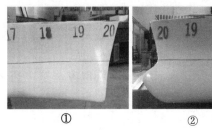

(c) 横剖面面积曲线　　　(d) 船模艉部形状比较（母型：①优化：②）

图 8-35　母型及优化船比较

表 8-7 可知，S60-WHUT 在满足排水量约束下湿表面积增加较小，这样可使摩擦阻力不会额外增加过多，并且优化船的艉部较母型更向内收，使去流段长度略有增加，对于黏压阻力的减少有利。

表 8-7　优化前后静水力比较

参数	湿表面积/m²	变化量	排水量/kg	变化量	L_{cb} /m
母型船	1.6	—	121.38	—	1.59
S60-WHUT	1.607	0.439%	120.25	-0.937%	1.567

值得说明的是，本算例是在单航速（$F_r = 0.27$）下进行的优化，且未考虑浮态的变化。因此，本书又分别计算了母型船及优化船型在约束及自由升沉与纵倾状态下的阻力性能，如图 8-36 所示，两种航行状态下的阻力曲线变化趋势一致。在第一阶段生成球艏之后（step-1），航速 $V = 1.40$ m/s（$F_r = 0.254$）之前总阻力约有 3% 增加，这是因为低速时兴波阻力所占比例较小，球艏的产生使湿表面积增加，而摩擦阻力的增大大于兴波阻力的减小，故总阻力增大。航速 $V = 1.40$ m/s（$F_r = 0.254$）以后，兴波阻力成分逐渐增大，球艏的作用凸显，在高速时总阻力有 7% 左右的明显下降。在对整个艏部型线进行优化之后（step-2）可以看出，相较 step-1 优化的结果，在优化点（$F_r = 0.27$）之前阻力性能有小幅改善。最后，对艉部形状的优化（step-3）使剩余阻力进一步减小，总阻力在整个速度段较母型船都有不同程度的减小。

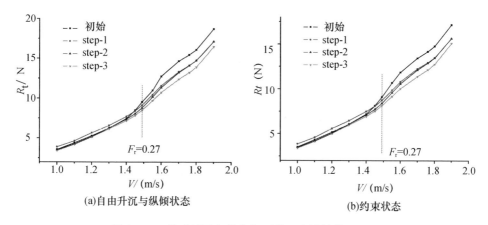

(a)自由升沉与纵倾状态　　　　　　(b)约束状态

图 8-36　母型船及各优化船型总阻力计算结果对比

图 8-37～图 8-42 为三个速度下母型船与 S60-WHUT 的波形和波切对比图。当 $F_r=0.2176$ 时,从图 8-37 可以看出优化船除了船艏的第一个波峰有减小以外,其后的兴波幅值有不同程度的增大,表明低速时球艏对兴波阻力的减小效果并不明显。中高速时,优化后船体兴波的波面形态明显简化。波切图中,船艏处第一个波峰的高度有明显降低,之后波峰波谷处的兴波幅值也都有较明显的减小,这表明船体的能量有所减少,兴波阻力得到改善。

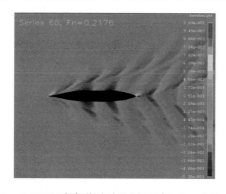

图 8-37　$F_r=0.2176$ 时波形图对比(母型船:上　S60-WHUT:下)

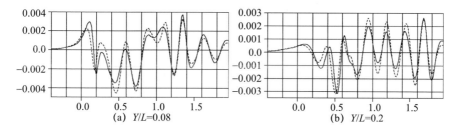

(a) $Y/L=0.08$　　　　　　(b) $Y/L=0.2$

图 8-38　$F_r=0.2176$ 时舷侧纵切波高图比较(母型船:实线;S60-WHUT:虚线)

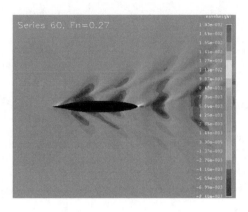

图 8-39　$F_r=0.27$ 时波形图对比(母型船:上　S60-WHUT:下)

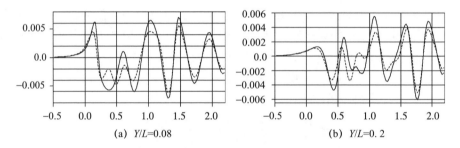

(a) $Y/L=0.08$　　　　　　　(b) $Y/L=0.2$

图 8-40　$F_r=0.27$ 时舷侧纵切波高图比较(母型船:实线;S60-WHUT:虚线)

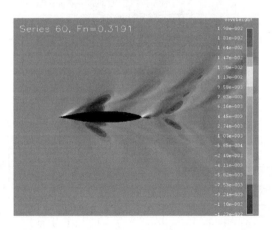

图 8-41　$F_r=0.3191$ 时波形图对比(母型船:上　S60-WHUT:下)

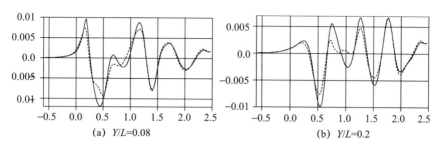

图 8-42 $F_r=0.3191$ 时舷侧纵切波高图比较（母型船：实线；S60-WHUT：虚线）

5. 模型试验验证

为验证优化结果，分别对 Series 60 母型船和最终优化的 S60-WHUT 船型进行了阻力试验。试验在武汉理工大学船模拖曳水池中完成，见图 8-43。

(a) 母型船试验

(b) S60-WHUT试验

图 8-43 模型阻力试验

表 8-8 试验条件

航速/(m/s)	1~1.9	排水量 湿表面积	母型:121.38kg 1.6m² WHUT:120.25kg 1.607m²
拖曳形式	正拖		
拖曳间隔	约 8 分钟	设备	阻力测量仪器:应变式电测阻力仪 R63
试验水温	淡水,16℃		
试验水密度/(kg/m³)	998.94	试验水的运动黏性系数/(m²/s)	1.10966×10⁻⁶

在自由升沉与纵倾状态时，S60-WHUT 在整个航速段总阻力都有不同程度的减小，航速 $V=1.40$ m/s 之前（$V<1.40$ m/s）总阻力减小程度较小，优化点（$F_r=0.27$）时有 8.79% 的减阻效果，随着速度增加，优化效果更加明显。

全约束试验的结果与自由升沉与纵倾状态的趋势基本一致，优化点（F_rX = 0.27）之前优化效果较小，在优化点（$F_r=0.27$）时优化船模有 14.57% 的优化收益。随着航速的增加优化效果则进一步提高。

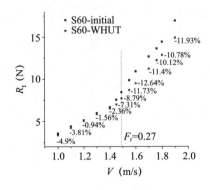 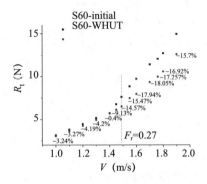

图 8-44　自由升沉与纵倾状态下母型船和优化船总阻力比较　　图 8-45　全约束状态下母型船和优化船总阻力比较

参 考 文 献

[1] 王言英. 基于阻力性能船体型线精细优化的 CFD 方法[J]. 大连理工大学学报, 2002, 42(2): 127-133.

[2] Yang Y S, Park C K. A study on the preliminary ship design method using deterministic approach and probabilistic approach including hull form[J]. Structure Multidisciplinary Optimization, 2007, 33: 529-539.

[3] Yang Y S, Park C K. A study on the integration of interdisciplinary ship design including hull form at the preliminary design stage[A]. The Fourth China-Japan-Korea Joint Symposium on Optimization of Structural and Mechanical Systems, Kunming, China, 2006, 11: 6-9.

[4] Neu W L, Hughes O, Mason W H, et al. A prototype tool for multidisciplinary design optimization of ships[A]. Ninth Congress of the International Maritime Association of the Mediterranean, Naples, Italy, 2000.

[5] Holtrop J, Mennen G J. An approximate power prediction method[J]. International Shipbuilding Progress, 1982, 25: 160-177.